演算法學習手冊
寫出更有效率的程式

Learning Algorithms
A Programmer's Guide to Writing Better Code

George T. Heineman　著

陳仁和　譯

O'REILLY®

目錄

推薦序

演算法是電腦科學的核心，是當今資訊時代不可或缺的部分。演算法讓搜尋引擎有能力回應每日數十億個網際網路搜尋需求，並為網際網路的通訊保有隱私。從客製化廣告到線上報價，演算法對於無數領域的消費者而言，越來越顯而易見，新聞媒體充斥著演算法是什麼以及演算法能做什麼的論述。

STEM（科學、技術、工程、數學）的蓬勃發展，推動全球經濟持續成長與創新的浪潮。但是，缺乏足夠的電腦科學家探索與應用演算法，以供應醫學、工程、甚至政府的發展所需。我們需要讓更多人知道如何將演算法應用於自己所屬專業領域的問題中。

你不需要有電腦科學學位就可以開始運用演算法。然而，關於這個主題的多數線上教材與教科書都是為科班大學生設計的，重點擺在數學證明與電腦科學概念。演算法教科書可能令人生畏，原因是這些書籍是陳列各種演算法的參考書，內容有無數的變化版本和高度專業的案例。讀者往往很難讀完這些書籍的第 1 章。這些書的用途有點像是試圖閱讀整本字典，來提升自己的英文拼寫能力；不過，若你有一本特別設計的參考書，內容概括 100 個最容易拼錯的單字，並解釋這些單字的掌握規則（和例外），相信你的學習會好很多。同樣的，不同背景和經驗的人要在工作中應用演算法，他們需要更聚焦、更符合所需的參考書。

本書以平易近人的論述，介紹一系列的演算法，你可以立即應用這些演算法來改善你的程式效率。所有演算法都以 Python 實作（Python 是最熱門、易於使用的程式語言之一，從資料科學、生物資訊學到工程學科皆有使用 Python 語言）。這本書仔細說明每個演算法，並以大量圖片輔助讀者掌握基本概念。書中的示例程式是開源的，可從這本書的程式儲存庫免費取得。

本書將教你電腦科學中會用到的基本演算法與資料型別，讓你可以寫出更有效率的程式。若你正在找一份程式設計相關的技術工作，這本書可能會協助你在下次的程式面試中取得好成績。我希望本書能促使你延續學習演算法的旅程。

— *Zvi Galil*
喬治亞理工學院
計算學院 *Frederick G. Storey* 主任暨名譽院長
（*2021* 年 *5* 月於亞特蘭大）

前言

適合閱讀本書的讀者

若你正在閱讀本書，筆者假設你已能運用一種程式語言（譬如：Python）。若你之前從未寫過程式，建議你先學習一種程式設計語言，再來閱讀本書！本書使用 Python，原因是不管是程式設計師或非程式師都可輕易理解這個語言。

演算法的目的是解決軟體程式中常見的問題。筆者教大學生演算法時，試圖弭平學生的背景知識和筆者正在教授的演算法概念兩者之間的差距。許多教科書都認真地描述說明（但總是過於簡要）。若無指南來說明如何瀏覽這些教材，學生往往無法自行學習演算法。

筆者用一段文字與圖 P-1，說明本書的目標。其中將介紹一些資料結構，說明如何使用固定大小的基本型別（譬如：32 位元整數、64 位元浮點數）來組織資訊。某些演算法（譬如二元陣列搜尋）直接運用這些資料結構。較複雜的演算法，尤其是圖演算法，採用許多基本的抽象資料型別（譬如：堆疊、優先佇列），筆者將依需要來介紹這些型別。這些資料型別會有基本作業，其中可選用正確的資料結構而有效率的實作出這些功能作業。讀完本書，你將了解各種演算法如何達到應有的效能。針對這些演算法，筆者將呈現 Python 的完整實作，或者向你推薦第三方的 Python 套件，引用其中的有效率實作。

若你檢視本書提供的相關程式資源，會看到每一章都有對應一個 book.py 的 Python 檔，可以執行該檔案重現本書的所有表格。縱然「結果變化萬千」，但整體趨勢將呈現一致。

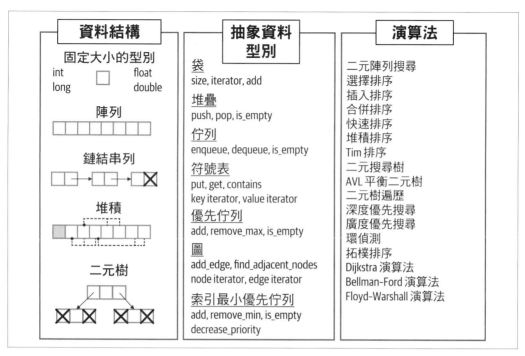

圖 P-1　本書技術內容摘要

本書每一章的尾聲都有挑戰題，讓你有機會應用新學到的知識。筆者建議你，在查看本書附帶的程式儲存庫中相關示例解法之前，先自行試著提出自己的解法。

使用示例程式

本書所有程式都可以在相關的 GitHub 儲存庫中找到（*http://github.com/heineman/ LearningAlgorithms*）。這些程式適用於 Python 3.4 以上的版本。本書在適當之處採雙底線做法（例如：__str__()、__len__()），此為 Python 內建方法的最佳慣例。本書的示例程式會以兩空格為縮排單位降低程式碼印刷所占的頁寬比重；程式儲存庫使用標準的四空格為縮排單位。少數示例程式會使用單行縮寫格式的 if 陳述式，譬如：if j == lo: break。

本書程式用到三個外來的開源 Python 函式庫：

- NumPy（*https://www.numpy.org*）版本：1.19.5
- SciPy（*https://www.scipy.org*）版本：1.6.0
- NetworkX（*https://networkx.org*）版本：2.5

NumPy、SciPy 是最常用的開源 Python 函式庫，擁有廣泛的使用者。本書採用這些函式庫來分析實證的執行時間效能。NetworkX 則針對圖的運作提供廣泛的高效率演算法，如第 7 章所述；它還有立即可用的圖資料型別實作。使用這些函式庫可確保我們不會非必要地重新創造輪子。若讀者沒有安裝這些函式庫也無妨，本書仍有提供替代方法。

本書呈現的所有計時結果都使用 `timeit` 模組，重複執行一個程式片段做統計。程式片段往往會重複執行多次，以確保能夠準確測量出結果。多次執行之後，取最短時間作為計時結果，而非取所有執行作業的平均值。如此做法一般被認為是產生準確計時結果的最高效率方法。當某些效能執行作業受到外部因素（例如作業系統中執行的其他工作）影響時，就數次的執行作業取平均值可能會扭曲計時結果。

當演算法的效能對輸入內容有高度敏感時（例如第 5 章中的插入排序），筆者將明確表示，取其效能執行作業的平均值。

程式儲存庫內有超過 10,000 行的 Python 程式碼，其中包含用於執行所有測試案例與計算書中表格內容的 script；也能重現諸多圖表、圖形。程式採用 Python docstring 慣例註解描述，而程式碼涵蓋率為 95%（以 *https://coverage.readthedocs.io* 計算）。

若有技術問題或使用示例程式的疑問，請利用電子郵件詢問（寄至 *bookquestions@oreilly.com*）。

本書目的是為了幫助讀者完成相關的工作。一般來說，讀者可以把書中提供的示例程式，應用於自己工作相關的程式或文件中。除非要將書中程式的重大內容重製，否則不需要與我們聯繫取得許可。例如：讀者撰寫的程式有使用到書中的數個程式區塊，這樣是不需要經過授權程序。至於散佈或販賣 O'Reilly 出版書籍中的示例程式，則需要取得授權許可。讀者可以自由引用本書內容或示例程式來解決問題。若要將書中大量的示例程式放到自己的產品文件裡，請事先取得授權同意。

當然讀者在引用書中內容時，若可以註明來源出處（但並不一定要這樣做），我們深表感激之意。例如，註明的格式可以是：「*Learning Algorithms: A Programmer's Guide to Writing Better Code* by George T. Heineman (O'Reilly). Copyright 2021 George T. Heineman, 978-1-492-09106-6.」，其中包含書名、作者、出版商與 ISBN 等資訊。

若您覺得自己在示例程式的運用上不屬於合理使用或超出許可範圍，請隨時透過 *permissions@oreilly.com* 與我們聯絡。

本書編排慣例

本書使用下列編排慣例：

斜體字（*italic*）

    表示新術語、網址、檔名、副檔名以及特別強調的內容（中文以楷體字表示）。

定寬字（`constant width`）

    用於程式示例，以及內文段落中提及的程式元素，譬如變數名稱或函式名稱、資料型別、陳述式、關鍵字。

 此環尾狐猴圖示的內容為提示或建議。採用此圖的原因是狐猴的雙眼視野高達 280°，這比靈長目的類人猿動物（譬如：人類）更寬廣。當你看到這個提示圖示時，眼睛要睜大，學習新情況或 Python 功能。

 此烏鴉圖示內容為一般註釋。眾多研究人員已確定烏鴉是聰明而能解決問題的動物——有些烏鴉甚至會使用工具。本書使用這種註釋來定義新術語，或者在你閱讀下一頁之前，告訴你應該先關注了解的實用概念。

 此蠍子圖示內容為警告或提醒。就像在現實生活中一樣，當你看到蠍子時，先停下來觀望！本書用蠍子提醒你在應用演算法時必須面對的關鍵挑戰。

致謝

對我來說，演算法的研究是電腦科學中最好的部分。感謝您給我機會為您展現本書內容。我還要謝謝我的妻子 Jennifer 為另一本著作的支持，以及我的兩個兒子 Nicholas、Alexander，他們現在的年紀已大到足以學習程式設計了。

感謝我的 O'Reilly 編輯——Melissa Duffield、Sarah Grey、Beth Kelly、Virginia Wilson——協助我整理相關概念及說明來改進本書內容。謝謝我們技術審稿人——Laura Helliwell、Charlie Lovering、Helen Scott、Stanley Selkow、Aura Velarde——幫忙排除多個不一致之處，讓演算法實作與詮釋的品質提升。而本書遺留的缺陷都該歸咎於我。

## 第一章

解決問題

你將於本章學到：

- 解決示例問題所用的多種演算法。

- 如何研究演算法效能（就問題實例大小 N 而言）。

- 如何計數特定問題實例的關鍵解決作業（運算）叫用次數。

- 如何找出問題實例大小加倍之際的成長等級。

- 如何以演算法（針對問題實例大小 N 而論）執行關鍵作業次數的計數，估計時間複雜度。

- 如何以演算法（針對問題實例大小 N 而論）的記憶空間需求量，估計空間複雜度。

開始進入主題吧！

何謂演算法？

解釋演算法（algorithm）的運作方式就像說故事一般。每個演算法會納入新概念或新方法，改進原本的解法。本章針對簡單問題探討數個解法，用以解釋演算法效能的影響因素。其中將介紹演算法效能（performance）分析技術（雖然過程中皆會呈現實作內容，加以實證，不過這些分析技術與演算法的實作無關）。

演算法是按部就班（逐步）解決問題的方法，以電腦程式實作，在可預測的時間內傳回正確結果。演算法的研究涉及兩者：正確性（即此演算法可針對所有輸入而正常運作嗎？）與效能（即此乃問題的最有效率解法嗎？）。

讓我們以問題解法範例說明相關實務內容為何。若你想找出無序串列（list）內最大值，該怎麼辦？圖 1-1 的每個 Python 串列皆為問題實例（*problem instance*），即由某個演算法（以圓柱表示）處理的輸入資料；正確答案則呈現於右邊。如何實作此演算法？如何針對不同問題實例執行此演算法？你能夠預測從一百萬個內容值串列找出最大值所需的作業時間嗎？

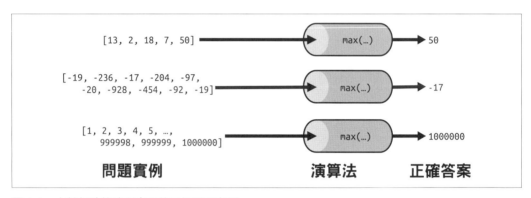

圖 1-1　由某個演算法所處理的三個問題實例

演算法不只是問題的解法；它的實作程式還需要在可預測的時間內執行完成。Python 內建函式 max() 已解決上述問題。目前，針對內含隨機資料的問題實例，難以預測演算法的效能，因此得明辨細膩建構的問題實例。

表 1-1 呈現兩種問題實例（大小皆為 N）的 max() 執行時間（計時結果）：其中一種是串列內含升序排列的整數，另一種是串列包含降序排列的整數。雖然讀者的執行結果可能與此表內容有所出入，但是基於讀者的運算系統（電腦）組態，我們可以驗證下列兩項陳述：

- 若 N 足夠大，對於升序排列內容的 max() 執行時間總是比降序排列內容的結果慢。

- 當 N 值增加十倍時，max() 的對應時間似乎也增加十倍（雖然會有些微偏差），此乃依目前這些效能試驗所預期的結果。

解決此問題，會傳回（輸出）最大值，而輸入內容不變。但某些情況中，演算法直接變更問題實例內容視為結果，而非產出新值——譬如：串列內容的排序（第 5 章所述）。本書以 N 表示問題實例的大小。

表 1-1　兩種問題實例（大小皆為 N）的 max() 執行表現（單位：ms）

N	升序排列值	降序排列值
100	0.001	0.001
1,000	0.013	0.013
10,000	0.135	0.125
100,000	1.367	1.276
1,000,000	14.278	13.419

就執行時間而言：

- 因為運算平臺差異、所用的程式語言不同，所以我們不能**事先**預測 T(100,000) 值——即演算法解決該問題實例（大小為 100,000）所需的時間。

- 然而，一旦我們憑實證找出 T(10,000) 的結果，就可以預測 T(100,000)——即解決該問題實例的時間將為十倍之多——不過難免有某種程度的預測不準確。

演算法設計的主要挑戰是確保演算法的正確性，即可**針對所有輸入**正常運作。第 2 章將以更多篇幅說明各種演算法（解決相同問題）的行為分析比較方式。演算法分析領域與現實生活注重的問題研究息息相關。儘管對於演算法的數學理解可能會有難度，但本書將提供具體示例，始終將抽象概念與實際問題相連。

判斷演算法效率的標準方法是計數演算法所需的**運算作業**（*computing operation*）次數，不過此計算窒礙難行！電腦有個中央處理單元（CPU），可執行機器指令（*machine instruction*），以用於數學運算（譬如：加法、乘法）、對 CPU 暫存器（register）指派值、兩值相較等等。某些高階程式語言（像 C、C++）程式被編譯成機器指令。其他語言（如 Python、Java）程式被編譯為中間位元組碼（*byte code*）。Python 直譯器（*interpreter*）執行位元組碼（此直譯器本身是以 C 語言所寫的程式），Python 內建函式，譬如：min()、max()，皆以 C 語言實作，最終編譯成機器指令供 Python 程式執行使用。

全能的陣列

陣列（*array*）以記憶體的連續區塊儲存 N 個值的集合。此為程式設計師用於儲存多值的容器，是最悠久可靠的資料結構之一。下圖表示內含八個整數的陣列。

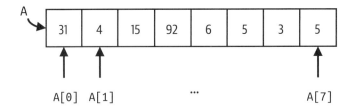

陣列 A 按其位置索引（index）可存取八個值。例如：A[0] = 31、A[7] = 5。A 的內容值可為任何型別，譬如字串或複雜物件。

下列是陣列相關的重要須知：

- 第一個值 A[0]，其為位置索引 0 之處的內容；最後一個值是 A[N − 1]，其中 N 是陣列的大小。

- 陣列的長度固定，不得隨意變動。Python、Java 程式可於執行期（runtime）決定陣列的長度，C 程式則不允許（譯註：即在編譯期決定長度）。

- 可按位置索引值 *i* 存取個別位置內容 A[i]，此索引值為整數，範圍是 0 ～ (N − 1)。

- 陣列不能擴大（縮小）；而是配置新需求長度的陣列，複製應保留的舊內容值。

儘管陣列簡單易懂，但是此結構是相當通用而有效率的資料組織方式。雖然 Python 的 list 物件功能強大，不過可將它視為陣列（原因是其大小可隨著時間增減）。

計數演算法所執行的機器指令總量幾乎是不可能的事，何況當今 CPU 每秒可以執行數十億個指令！取而代之的是，計數每個演算法關鍵作業（*key operation* 或關鍵運算）的叫用次數，該次數可能是「陣列兩內容值相較次數」、「函式呼叫次數」。而對於 max() 而言，關鍵作業次數是「小於（<）運算子叫用次數」。第 2 章將擴展此計數原則。

此刻正是揭開 max() 演算法面紗的好時機，可對其所作所為與來龍去脈一探究竟。

找出任一串列的最大值

以示例 1-1 有缺失的 Python 實作為例，其中試圖找出任一串列的最大值（串列至少要有一個內容值），將 A 每個內容與 my_max 相比，若該內容值較大，則需要以此值更新 my_max。

示例 1-1　找出串列中最大值（有缺失的實作）

```
def flawed(A):
  my_max = 0        ❶
  for v in A:       ❷
    if my_max < v:
      my_max = v    ❸
  return my_max
```

❶ my_max 變數儲存最大值；在此 my_max 初始值為 0。

❷ for 迴圈 v（定義變數），疊代處理 A 的每個元素。對於每個內容值 v，if 陳述式將執行一次。

❸ 若 v 值較大，則更新 my_max。

此解決方案的核心是小於運算子（<）：比較兩數值，判斷何者較小。圖 1-2 的 v 從 A 中連續取出內容值，其中 my_max 內容更新三次，進而找出 A 中最大值。flawed() 找出 A 中最大值，「小於」運算叫用六次（對每個內容值執行一次）。以大小為 N 的問題實例而言，flawed() 的「小於」作業會叫用 N 次。

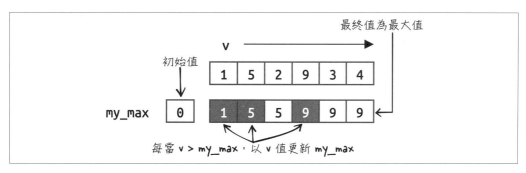

圖 1-2　flawed() 執行過程（視覺化呈現）

上述實作有缺點，因其假設 A 中至少有一個值會大於 0。所以 flawed([-5,-3,-11]) 的運算會傳回 0，這是不正確的結果。常見的修正是將 my_max 以可能的最小值初始化，譬如 my_max = float('-inf')。這種方法仍有缺陷，倘若 A 為空串列 []，則會傳回此初始值。因而要修正此缺陷。

 Python 陳述式 range(x,y) 產生從 x 直到 y（不含 y）的整數。另外我們若採用 range(x,y,-1)，則產生的整數內容是從 x 開始以倒數順序排列直到 y（不含 y）。因此 list(range(1,7)) 的結果是 [1,2,3,4,5,6]，而 list(range(5,0,-1)) 則為 [5,4,3,2,1]。我們可用任何遞增值（increment）計數，因此 list(range(1,10,2)) 產生 [1,3,5,7,9]，即此串列中連續兩內容值彼此的差值皆為 2。

計數關鍵作業

實際上，最大值必然位於 A 中，所以示例 1-2 正確的 largest() 函式選擇 A 的第一個內容值作為 my_max 的初始值，與其他內容值相較，確認何者較大。

示例 1-2　找出串列中最大值（正確函式實作）

```
def largest(A):
  my_max = A[0]              ❶
  for idx in range(1, len(A)):  ❷
    if my_max < A[idx]:
      my_max = A[idx]         ❸
  return my_max
```

❶ 設定 my_max 為 A 的第一個內容值（即位置索引 0 之處的內容）。

❷ idx 取用的整數，範圍從 1 直到 len(A)（不包含 len(A)）。

❸ 若 A 中位置 idx 的內容值較大，則以此內容值更新 my_max。

 若叫用 largest()、max() 時傳入空串列，將引發 ValueError: list index out of range（串列索引超出範圍）例外（exception）。這些執行期例外屬於程式設計師造成的錯誤，其中的含意是：並不曉得 largest() 需要使用的 list 至少要有一個內容值。

此刻我們已完成演算法的正確實作（Python 函式），就該新演算法來看，可以確定其「小於」判斷運算的叫用次數嗎？嗯！是 N − 1 次。我們已修正前述演算法的缺陷，改善效能表現（當然，這只是些微的變化）。

為什麼計數「小於」的運用次數很重要？此乃兩值相較所需的關鍵作業（運算）。至於實作內容的其他陳述式（譬如 for、while 迴圈）可依所用的程式語言任意選擇。下一章將擴展此一概念，而目前計數關鍵作業足矣。

能夠預測演算法效能的模型

要是有人以不同演算法解決同一個問題，會怎麼樣？我們如何決定使用哪個演算法？以示例 1-3 的 alternate() 演算法為例，其逐一檢查 A 中所有值，確認是否大於或等於相同串列中其他內容值。此演算法會傳回正確結果嗎？對於大小為 N 的問題而言，其「小於」判斷作業的叫用次數為何？

示例 1-3　找出 A 中最大值（不同的實作方法）

```python
def alternate(A):
  for v in A:
    v_is_largest = True        ❶
    for x in A:
      if v < x:
        v_is_largest = False   ❷
        break
    if v_is_largest:
      return v                 ❸
  return None                  ❹
```

❶　疊代處理 A 時，假設每次的 v 值為最大值。

❷　若 v 小於另一值 x，則停止比較，記錄該 v 值不是最大值。

❸　若 v_is_largest 為 true，則傳回該 v 值（該值為 A 中最大值）。

❹　若 A 為空串列，則傳回 None。

alternate() 試圖找出 A 中某個值 v，使得 A 中其他值 x 不會大於該值。此實作使用兩層 for 迴圈（巢狀迴圈）。在此並非純粹計數「小於」的叫用次數，當某 x 值大於 v 時，內層（inner）迴圈 x 立即停止作業。此外，一旦找到最大值（v 值），外層（outer）迴圈 v 會停止作業。圖 1-3 視覺化呈現 alternate() 的執行情況（針對前述的串列範例而論）。

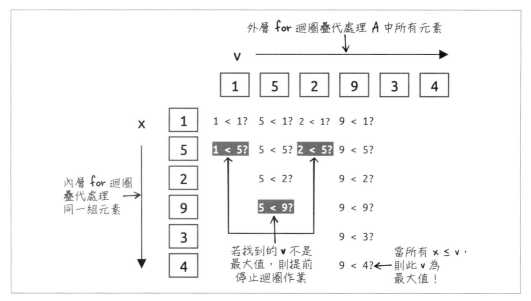

圖 1-3　alternate() 執行過程（視覺化呈現）

針對此問題實例而言，「小於」作業叫用 14 次。不過此演算法的實際總次數取決於串列 A 中特定內容。要是內容值以不同順序排列，會怎麼樣？我們可以想出演算法「小於」作業使用次數需求最少的內容值排列情況嗎？其中會將這樣的問題實例視為 alternate() 的最佳情況（*best case*）。例如，若 A 的第一個內容值是 N 個值中最大的，則「小於」作業的使用總數恆為 N。相關概述如下：

最佳情況（*best case*）
　　演算法執行工作需求量最少的問題實例（其中問題實例大小為 N）

最差情況（*worst case*）
　　工作需求量最多的問題實例（其中問題實例大小為 N）

設法確認 alternate() 最差情況（*worst case*）的問題實例，即「小於」作業運用次數需求最大的實例。就 alternate() 最差情況的問題實例而言，並非只是最大值位於 A 中最後位置，A 的內容值還必然以升序排列呈現。

圖 1-4 的視覺化內容，上半部為最佳情況（即：p = [9,5,2,1,3,4]），下半部為最差情況（即：p = [1,2,3,4,5,9]）。

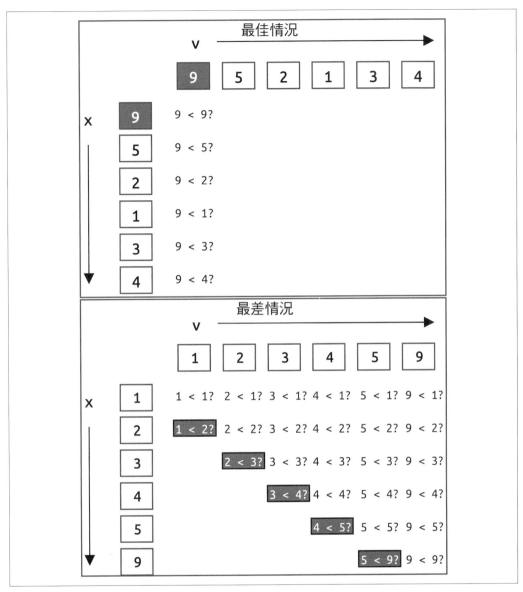

圖 1-4　alternate() 執行過程（視覺化呈現最佳情況與最差情況）

最佳情況有六次「小於」判斷作業；若最佳情況有 N 個值，則所用的「小於」作業總數為 N。針對最差情況而言則有些複雜。圖 1-4 的串列（內含 N 個值）若以降序排列，則總共執行 26 次「小於」運算。以簡單的數學式子而言，N 個值的最差情況作業計數恆為 $(N^2 + 3N - 2)/2$。

表 1-2 針對最差情況的問題實例（大小為 N）呈現 largest()、alternate() 執行實證。

表 1-2　largest() 與 alternate() 相較表現（針對最差情況的問題實例而言）

N	largest （#「小於」作業次數）	alternate （#「小於」作業次數）	largest （單位：ms）	alternate （單位：ms）
8	7	43	0.001	0.001
16	15	151	0.001	0.003
32	31	559	0.002	0.011
64	63	2,143	0.003	0.040
128	127	8,383	0.006	0.153
256	255	33,151	0.012	0.599
512	511	131,839	0.026	2.381
1,024	1,023	525,823	0.053	9.512
2,048	2,047	2,100,223	0.108	38.161

對於小量的問題實例來說，兩者的表現似乎不差，然而隨著問題實例大小加倍，alternate() 使用的「小於」作業次數大致增為四倍，遠多於 largest() 運用的數量。表 1-2 右邊兩行（column）顯示的執行效能，是這兩種實作針對問題實例（大小為 N）執行 100 次隨機試驗的結果。alternate() 的執行時間大致也是以四倍成長。

 筆者測量演算法處理隨機問題實例（大小為 N）所需的執行時間。其中從整組執行項目中，選擇最快的完成時間（即最短的時間）。比起對所有項目的執行時間直接取總平均，此方式較合適（取平均值可能會扭曲結果）。

本書將呈現像表 1-2 這樣的表格，內容包含關鍵作業（在此為小於運算子）的執行總數以及執行時間。每列（row）資料表示不同大小（N）的問題實例表現，由上到下閱讀表格內容，了解每行內容的變化程度（隨著問題實例大小加倍所呈現的結果）。

計數「小於」運用次數，即詮釋 largest()、alternate() 的行為。隨著 N 加倍，largest() 的「小於」叫用次數加倍，而 alternate() 的次數則為四倍。上述的行為表現始終如一，我們可以針對較大規模的問題，使用此資訊預測這兩個演算法的執行時間。圖 1-5 描繪 alternate() 的「小於」運用計數（左邊 y 軸）及其執行時間（右邊 y 軸），呈現彼此的直接相關程度。

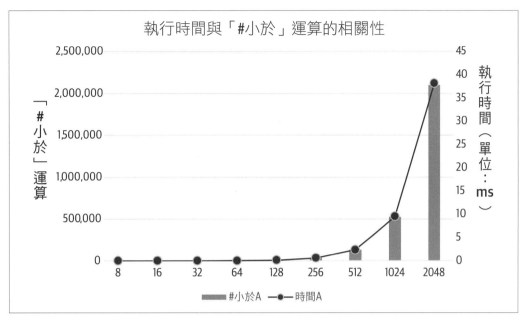

圖 1-5 「小於」運算次數與執行時間的關係

可喜可賀！方才我們執行了演算法分析的關鍵步驟：以關鍵運算的執行次數計數，斷定兩個演算法的相對效能。當然讀者可以持續實作兩者的變動（如同筆者在此所為），而當問題實例大小增為兩倍時，測量各自的執行時間；不過因為該模型已預測此一行為，確認 largest() 是兩者之中較有效率的演算法，所以沒有必要如此為之。

largest() 與 max() 實作同一個演算法，然而如表 1-3 所示，largest() 的執行時間始終比 max() 慢，通常慢四倍。原因是 Python 為直譯式語言，其中將程式碼編譯成中間位元碼，而以 Python 直譯器（interpreter）執行。因為內建函式（如：max()）實作於直譯器之中，所以內建函式始終優於為相同目的而實作的 Python 程式碼。其中值得關注的是，在所有情況下，當 N 加倍，largest()、max() 的執行時間——對於最佳情況與最差情況來說——也是加倍。

表 1-3 顯示，解決大小增加的問題實例，可以預測其中所需的時間。對於大小為 N 的問題實例而言，一旦我們知道 largest()、max() 在最佳情況或最差情況的執行時間，就可以預測該演算法的執行時間將隨 N 加倍而加倍。此刻，將問題稍作改變，讓內容更有趣。

表 1-3　largest()、max() 的效能（最佳情況與最差情況）

N	largest() 最差情況	max() 最差情況	largest() 最佳情況	max() 最差情況
4,096	0.20	0.05	0.14	0.05
8,192	0.40	0.11	0.29	0.10
16,384	0.80	0.21	0.57	0.19
32,768	1.60	0.41	1.14	0.39
65,536	3.21	0.85	2.28	0.78
131,072	6.46	1.73	4.59	1.59
262,144	13.06	3.50	9.32	3.24
524,288	26.17	7.00	18.74	6.50

找出任一串列的前兩大值

設計演算法，可找出任何串列中前兩大值。也許我們可以修改現有的 largest() 演算法
（只需稍作調整）。讀者何不自行嘗試解決這個修改題，然後將自己的解法呈現於此？
示例 1-4 為筆者的解法。

示例 1-4　找出前兩大值（*largest()* 稍改版）

```
def largest_two(A):
  my_max,second = A[:2]              ❶
  if my_max < second:
    my_max,second = second,my_max

  for idx in range(2, len(A)):
    if my_max < A[idx]:              ❷
      my_max,second = A[idx],my_max
    elif second < A[idx]:           ❸
      second = A[idx]
  return (my_max, second)
```

❶　確保 my_max、second 為 A 中前兩項值（按降序指派）。

❷　若 A[idx] 是新出現的最大值，則將 my_max 設為 A[idx]，而將 my_max 原值放入
second 中。

❸　若 A[idx] 大於 second（而小於 my_max），則僅更新 second 的內容。

largest_two() 與 largest() 似乎雷同：將 A 中前兩項值（以對應順序排列的）指派給
my_max、second。接著對於 A 中其餘值（有多少個？答案是 N – 2 個！），若你遇到某個

A[idx] 大於 my_max，則調整 my_max、second 兩者的內容，否則檢查是否僅要更新 second 的內容。

「小於」叫用次數的計數較為複雜，原因又是取決於問題實例的內容。

for 迴圈內的 if 陳述式條件為真時，largest_two() 的「小於」叫用次數最少。若 A 的內容值以升序排列，此「小於」條件始終為真，所以會被叫用 N – 2 次；因為此函式在開頭有用到「小於」，所以不要忘記額外加 1 次。因此，最佳情況，我們只需要 N – 1 次的「小於」叫用即可找出前兩大值。最佳情況下始終不會用到 elif 條件。

對於 largest_two() 而言，你可以建構出最差情況的問題實例嗎？讀者可自行嘗試看看：只要 for 迴圈內的 if 的「小於」條件每次皆為 False，就會發生這種情況。

筆者可以肯定的是，A 的內容值以降序排列時，largest_two() 的「小於」叫用次數最多。特別是，針對最差情況而言，for 迴圈的每次作業中「小於」會用到兩次，或總共使用 1 + 2 × (N – 2) = 2N – 3 次。基於某種原因，這似乎是對的，不是嗎？若我們需要運用 N – 1 次的「小於」才能找到 A 中最大值，也許確實需要額外的 N – 2 次「小於」運算（其中理應排除最大值），才能找到第二大值。

largest_two() 的行為總結如下：

- 對於最佳情況，需叫用 N – 1 次「小於」運算找出前兩大值。
- 對於最差情況，需叫用 2N – 3 次「小於」運算找出前兩大值。

我們完成演算法了嗎？這是找出任何串列中前兩大值的解題「最佳」演算法嗎？我們可以基於多個因素，決定選擇某個演算法，而不採用另一個演算法：

額外的儲存需求（*required extra storage*）

　　該演算法是否需要複製原本的問題實例？

程式設計負荷（*programming effort*）

　　程式設計師必須撰寫幾行程式碼？

可變輸入（*mutable input*）

　　該演算法會直接變更問題實例的輸入內容，或維持原狀？

速度（*speed*）

　　該演算法有優於其他演算法嗎（效能不受輸入內容所影響）？

接著探討解決相同問題所用的三種不同演算法，如示例 1-5 所示。sorting_two() 建立新的串列（內含 A 的降序排列項目），取此串列前兩項內容值，並以元組（tuple）形式傳回該結果。double_two() 使用 max() 找出 A 中最大值，將其從 A 的副本中移除，針對此副本其餘內容，再以 max() 找出 A 中第二大值。mutable_two() 找出 A 中最大值的位置，將其從 A 中移除；隨後將 A 中其餘內容的最大值指派給 second，接著將 my_max 值重新插入其原位置。前兩個演算法有額外的儲存需求，第三個演算法會修改輸入內容；三個演算法僅適用於多個內容值的問題實例。

示例 1-5　三種方法（運用 Python 工具函式）

```
def sorting_two(A):
  return tuple(sorted(A, reverse=True)[:2])        ❶

def double_two(A):
  my_max = max(A)                                  ❷
  copy = list(A)
  copy.remove(my_max)                              ❸
  return (my_max, max(copy))                       ❹

def mutable_two(A):
  idx = max(range(len(A)), key=A.__getitem__)      ❺
  my_max = A[idx]                                  ❻
  del A[idx]
  second = max(A)                                  ❼
  A.insert(idx, my_max)                            ❽
  return (my_max, second)
```

❶　建立新串列（以降序排列對 A 排序），並傳回串列的前兩大值。

❷　使用內建函式 max() 找出最大值。

❸　建立 A 的原始副本，將其中 my_max 項目移除。

❹　結果以元組傳回（內含 my_max 值與 copy 裡的最大值）。

❺　此 Python 技巧找出 A 中最大值的*索引位置*（*index location*），而非內容值本身。

❻　將 A 中此位置內容記錄於 my_max，接著從 A 中刪除此項內容。

❼　在其餘內容中用 max() 找出結果。

❽　將 my_max 插入其原位以還原 A 內容。

這些方法並無直接運用「小於」，而是使用現有的 Python 函式庫。sorting_two()、double_two() 兩者皆有 A 陣列副本，這似乎非必要，largest_two() 就沒有採用。此外，

僅為了找出前兩大值而將整個串列排序，似乎處理過度。如同分析執行時間效能的作業計數一樣，我們將估算演算法所用的額外儲存（extra storage）空間——對於前述兩種方法，儲存量皆與 N 成正比。第三個方法 mutable_two() 先將 A 的最大值刪除，短暫變更內容，稍後再將此值加回去。原串列內容的變更可能會讓呼叫者感到意外。

筆者稍微運用 Python 技巧，以特定的 RecordedItem 類別精確計算「小於」的叫用次數[1]。表 1-4 顯示，對於升序排列的內容值，double_two() 的「小於」運算叫用次數最多，而對於降序排列的內容值，largest_two()（與另外兩個方法）的「小於」運算叫用次數最多。該表最後一行（column），標題為「奇偶交替」，是將 524,288 個值，區分奇偶兩種數值交替陳列，其中偶數部分以升序排列，奇數則以降序排列：對於 N = 8，輸入內容將為 [0,7,2,5,4,3,6,1]。

表 1-4　各種方法針對 524,288 個內容值的效能表現（內容以三種順序排列）

演算法	升序排列	降序排列	奇偶交替
largest_two	524,287	1,048,573	1,048,573
sorting_two	524,287	524,287	2,948,953
double_two	1,572,860	1,048,573	1,048,573
mutable_two	1,048,573	1,048,573	1,048,573
tournament_two	524,305	524,305	524,305

接著我們要論述的 tournament_two() 演算法，不論輸入內容為何，其中的「小於」叫用次數最少。籃球迷對於該演算法的設計邏輯應該不陌生。

> 對於解決已知問題的某演算法而言，若我們知道該演算法的最差情況問題實例，則解同一個問題的其他演算法，不見得會受到該問題實例的負面影響。不同演算法可能有不同缺點，透過細膩分析可揭露箇中缺陷。

錦標賽演算法

單淘汰錦標賽乃由多支競賽隊伍組成，爭奪冠軍。理想而言，隊數是 2 的冪，比如 16、64。錦標賽分為數輪（回合），賽程中留下的各個隊伍兩兩相對競賽；比賽落敗者會被淘汰，而獲勝者晉級下一輪。最終留下的那支隊伍即為該錦標賽冠軍。

1　叫用 __lt__() 小於運算子（或 __gt__() 大於運算子）時，RecordedItem 包裹類別（wrapper class）將覆寫（override）運算子的計數。

以 N = 8 個值的問題實例 p = [3,1,4,1,5,9,2,6] 為例。圖 1-6 呈現的單淘汰賽中，首輪就八個值用「小於」比較兩兩相鄰項；較大者獲得比賽晉級 [2]。在八強對決賽中，有四個值被淘汰，而留下 [3,4,9,6]。在四強對決賽中，[4,9] 晉級，最終 9 獲得冠軍。

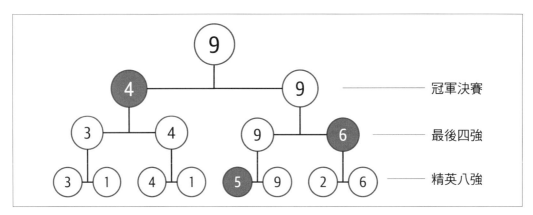

圖 1-6　有八個初始值的錦標賽

此錦標賽中，「小於」叫用七次（即：每場比賽用一次），如此結果應該不用擔心，這表示叫用 N – 1 次「小於」可找到最大值（如之前所述）。若我們儲存 N – 1 場的比賽結果，則可以快速找到第二大值（如此例所示）。

當 9 成為冠軍之際，第二大值「藏」於何處？因為 4 是冠軍賽中落敗值，起初將它視為第二大值可能之選。不過最大值 9 的決賽之前有兩場比賽，因此我們必須檢查另外兩個落敗值——最後四強對決（前一輪）的值 6、精英八強對決（前二輪）的值 5。因此，第二大值為 6。

對於 8 個初始值而言，我們只需要額外 2 次的「小於」叫用——4 < 6 ？及 6 < 5 ？——即可確定 6 是第二大值。因 $8 = 2^3$，所以需要 3 – 1 = 2 次的比較，如此並非巧合。結果是，對於 $N = 2^K$，需要額外的 K – 1 次比較，其中 K 為比賽輪數。

若有 $8 = 2^3$ 個初始值，演算法建構的錦標賽將有 3 輪比賽。圖 1-7 視覺化呈現 32 個值所構成的錦標賽（共有五輪比賽）。若錦標賽的內容值數量加倍，則只需要額外增加一輪比賽即可；換句話說，每新增第 K 輪比賽，就可以多加 2^K 個值。想要找到 64 個值中的最大值嗎？因為 $2^6 = 64$，所以只需要 6 輪比賽即可。

2　若某場比賽兩個值相等，則只有其中一個值會晉級。

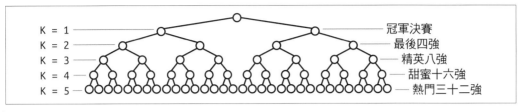

圖 1-7　有 32 個初始值的錦標賽

要得知任何 N 值的比賽輪數，可使用對數（*logarithm*）函數——log()，其為指數函數的反函數。若有 N = 8 個初始值，因為 $2^3 = 8$ 與 $\log_2(8) = 3$，所以該錦標賽需要 3 輪比賽。就本書及傳統電腦科學（computer science 或稱作計算機科學）而言，log() 運算子以 2 為底。

> 大多數手持式計算機（calculator）對於 log() 的計算是以 10 為底。函數 ln() 則表示以 e（約為 2.718）為底的自然對數。若要使用計算機（或 Microsoft Excel）快速算出（以 2 為底的）log(N)，則可改算 log(N)/log(2) 得到相同結果。

若 N 為 2 的冪（如：64、65,536），則該錦標賽的比賽輪數為 log(N)，其中額外的「小於」叫用次數為 log(N) – 1。示例 1-6 實作的演算法，使用額外儲存空間記錄所有比賽結果，進而讓「小於」叫用次數最小化。

示例 *1-6*　找出 *A* 中前兩大值的演算法（錦標賽法）

```
def tournament_two(A):
  N = len(A)
  winner = [None] * (N-1)        ❶
  loser = [None] * (N-1)
  prior = [-1] * (N-1)           ❷

  idx = 0
  for i in range(0, N, 2):       ❸
    if A[i] < A[i+1]:
      winner[idx] = A[i+1]
      loser[idx] = A[i]
    else:
      winner[idx] = A[i]
      loser[idx] = A[i+1]
    idx += 1

  m = 0                          ❹
```

```
    while idx < N-1:
      if winner[m] < winner[m+1]:       ❺
        winner[idx] = winner[m+1]
        loser[idx]  = winner[m]
        prior[idx]  = m+1
      else:
        winner[idx] = winner[m]
        loser[idx]  = winner[m+1]
        prior[idx]  = m
      m += 2                             ❻
      idx += 1

    largest = winner[m]
    second = loser[m]                    ❼
    m = prior[m]
    while m >= 0:
      if second < loser[m]:              ❽
        second = loser[m]
      m = prior[m]

    return (largest, second)
```

❶ 這些陣列儲存 idx 比賽的贏家、輸家;該錦標賽將有 N − 1 場比賽。

❷ 當某個值於 m 比賽中晉級,prior[m] 記錄該值的前場比賽(若為初場比賽,該值記為 -1)。

❸ 使用 N/2 次的「小於」叫用,初始化前 N/2 場贏家 / 輸家組。這些為最初一輪的比賽結果。

❹ 獲勝者兩兩對決,找出新的贏家,記錄 prior 比賽索引。

❺ 需要額外 N/2 − 1 次的「小於」叫用。

❻ m 加 2,處理下一組贏家對決。若 idx 為 N − 1 時,winner[m] 為最大值。

❼ 此為初始的第二大值可能之選,不過必須檢查輸給 largest 的其他值,以找到真正的第二大值。

❽ 額外的「小於」叫用次數最多為 log(N) − 1 次。

圖 1-8 呈現此演算法的執行情況。進行初始化步驟之後,原陣列 A 的 N 個值會分成 N/2 組 winner、loser;以圖 1-6 的範例而論,會分為四組。while 迴圈的每個晉級步驟中,連續兩場比賽(m、m + 1)的贏家對決之後的獲勝者與落敗者,分別放在 winner[idx] 與 loser[idx] 中;prior[idx] 記錄贏家的前場比賽(以由右往左的箭頭描繪表示)。進行三個晉級步驟之後,儲存所有比賽資訊,演算法檢視先前與該贏家比賽的所有輸家。此視

覺化的內容是依循該贏家的箭頭往回追溯，直到無箭頭可追。如圖可見，第二大值可能之選位於 loser[6] 中：只需兩次的「小於」叫用（針對 loser[5]、loser[2]），即可確定何者最大。

筆者方才已勾勒出一個演算法，用於求出 A 中最大值與第二大值，對於任何 N（其值為 2 的冪），僅使用 N − 1 + log(N) − 1 = N + log(N) − 2 次的「小於」叫用。tournament_two() 實用嗎？其表現優於 largest_two() 嗎？若我們只計數「小於」的叫用次數，tournament_two() 應該比較快。對於 N = 65,536 大小的問題而言，largest_two() 需要 131,069 次的「小於」運算，而 tournament_two() 只需要 65,536 + 16 − 2 = 65,550 次，大約少了一半。但結果並非在此所見的這樣片面。

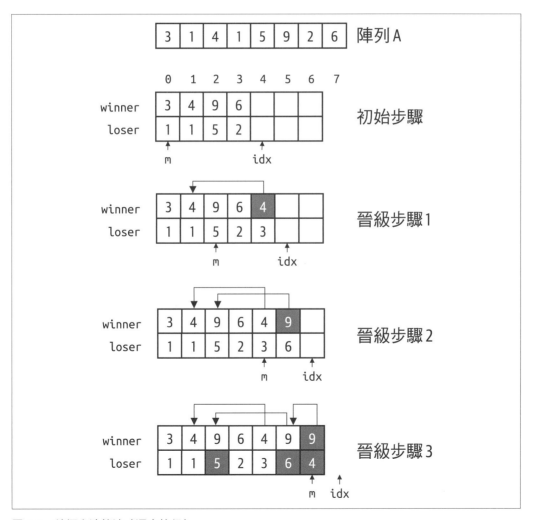

圖 1-8　錦標賽演算法（逐步執行）

表 1-5 顯示，tournament_two() 明顯比其他演算法慢得多！在此記錄 100 組隨機問題實例的解決總時間（問題實例的大小 N 值會從 1,024 成長到 2,097,152）。其中還包括示例 1-5 中各種演算法的效能結果。注意，若讀者於電腦執行此示例程式，則各個結果將有所不同，然而每行的整體趨勢將會雷同。

表 1-5　五種演算法的執行時間比較（單位：秒）

N	double_two	mutable_two	largest_two	sorting_two	tournament_two
1,024	0.00	0.01	0.01	0.01	0.03
2,048	0.01	0.01	0.01	0.02	0.05
4,096	0.01	0.02	0.03	0.03	0.10
8,192	0.03	0.05	0.05	0.08	0.21
16,384	0.06	0.09	0.11	0.18	0.43
32,768	0.12	0.20	0.22	0.40	0.90
65,536	0.30	0.39	0.44	0.89	1.79
131,072	0.55	0.81	0.91	1.94	3.59
262,144	1.42	1.76	1.93	4.36	7.51
524,288	6.79	6.29	5.82	11.44	18.49
1,048,576	16.82	16.69	14.43	29.45	42.55
2,097,152	35.96	38.10	31.71	66.14	…

表 1-5 看起來可能讓人不知所措，內容乍看像是一面數字牆。若讀者以另一台電腦（也許用的是較少記憶體或較慢 CPU）執行這些函式，則結果可能會不太一樣；然而，不論以何種電腦執行，都應該會呈現某些趨勢。大部分來說，我們鎖定任何一行往下檢視，執行時間約莫會隨著問題大小加倍而加倍。

此表中有些特別情況：注意，double_two() 起初為五種解法中最快的一個，而 largest_two() 後來居上（當 N > 262,144 之際）。巧妙設計的 tournament_two() 是目前為止最慢的方法（原因僅是它需要配置持續擴增的儲存陣列來處理資料）。因為太慢了（執行時間冗長），筆者甚至沒有針對表中最大問題實例執行這個演算法。

為了易於了解這些數值含意，圖 1-9 視覺化呈現對應執行時間趨勢（隨著問題實例大小遞增而論）。

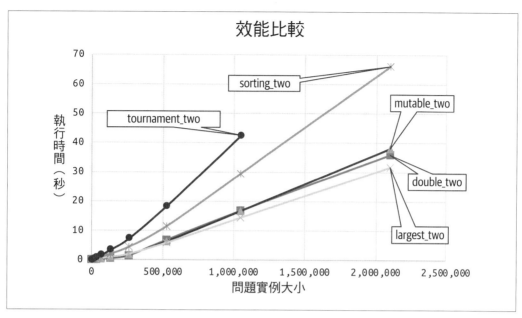

圖 1-9　執行時間效能比較

此圖呈現上述五種方法的執行時間效能細節資訊：

- 其中 mutable_two()、double_two()、largest_two() 三者效能不分軒輊（相較其餘兩種方法而言）。似乎像是源於同一「族群」，皆處於一條（似乎可預測的）直線軌跡上。

- tournament_two() 效率最差，其行為顯然與眾不同。基於為數不多的資料點，目前尚不確定是否會往效率更差的「向上彎曲」方向表現，或者也是循著一條直線發展。

- sorting_two() 的表現似乎優於 tournament_two()，不過比其他三種方法慢。sorting_two() 會進一步向上彎曲，還是最終轉直線發展呢？

若要了解這些趨勢線成形原因，我們需要學習兩個基本概念——詮釋演算法固有複雜度（*complexity*）的概念。

時間複雜度與空間複雜度

因為程式語言的差異，及某些語言（如：Java、Python）以直譯器運作的事實，可能難以計數基本作業（譬如：加法、變數指派、控制邏輯）數量。不過，若你能夠計數演

算法執行的基本作業次數，則可得知作業總數基於問題實例大小的變化。**時間複雜度**（*time complexity*）的目標是提出某個函數 C(N)，用於演算法執行的基本作業數計算（成為 N 的函數，N 是問題實例的大小）。

假設每個基本作業都需要固定時間量 t，基於執行作業的 CPU，我們可以將演算法執行時間建模為 T(N) = t × C(N)。示例 1-7 呈現的見解是：程式的**結構**是關鍵。對於函式 f0、f1、f2、f3，我們可以就輸入大小 N，確切計算函式執行 ct = ct + 1 作業的次數。表 1-6 為某幾個 N 值的計數結果。

示例 1-7 具有不同效能表現的四種函式

```
def f0(N):          def f1(N):          def f2(N):          def f3(N):
  ct = 0              ct = 0              ct = 0              ct = 0
  ct = ct + 1         for i in range(N):  for i in range(N):  for i in range(N):
  ct = ct + 1           ct = ct + 1         ct = ct + 1         for j in range(N):
  return ct           return ct            ct = ct + 1           ct = ct + 1
                                            ct = ct + 1         return ct
                                            ct = ct + 1
                                            ct = ct + 1
                                            ct = ct + 1
                                            ct = ct + 1
                                          return ct
```

f0 的計數結果固定（與 N 無關）。f2 的每樣計數皆為 f1 的七倍（其中隨著 N 加倍，兩函式的結果也是加倍）。相較之下，f3 的計數成長相當快速；正如之前所述，當 N 加倍時，f3(N) 的計數結果增為四倍。在此，f1、f2 彼此較為相似（與 f3 相較而言）。下一章在評估演算法效能的論述中，將解釋 for 迴圈、巢狀迴圈（nested loop）的重要性。

表 1-6 四種函式的計數作業

N	f0	f1	f2	f3
512	2	512	3,584	262,144
1,024	2	1,024	7,168	1,048,576
2,048	2	2,048	14,336	4,194,304

我們評估演算法，也須考量**空間複雜度**（*space complexity*），即演算法針對問題實例大小 N 所需的額外記憶空間（extra memory）。**記憶體**（*memory*）[譯註]是於檔案系統或電腦 RAM 中儲存資料的通用術語。largest_two() 的空間需求最小：使用兩個變數（my_max、second）以及疊代器（iterator）變數（idx）。無論問題實例大小為何，其額外的空間需求固定不變。如此表示**空間複雜度與問題實例大小無關**（為常數）；

譯註 「memory」此字於多處會被譯成「記憶空間」。

mutable_two() 的行為類似。相較之下，tournament_two() 配置三個陣列 —— winner、
loser、prior —— 大小皆為 N − 1。隨著 N 增加，額外儲存總量的成長幅度將與問題實
例大小成正比[3]。相較 largest_two()，錦標賽結構的建置讓 tournament_two() 變慢。
double_two()、sorting_two() 皆複製輸入資料 A 的內容，如此表示它們的儲存用法與
tournament_two() 較為類似（而非如同 largest_two()）。本書將評估演算法的時間複雜
度與空間複雜度兩者。

表 1-5 中，largest_two 行的計時結果，往後的資料列中約莫為雙倍成長；double_two、
mutable_two 的行為類似，正如筆者的觀測結果。總時間似乎與問題實例大小成正比，
往後的資料列皆為雙倍增加。這是重要的觀測結果，這些函式比 sorting_two() 更有效
率（sorting_two() 似乎處在另一個效率較低的軌跡上）。tournament_two() 依然是效率
最差的，執行時間差了一倍之多，時間成長如此快速，讓筆者不願針對大的問題實例執
行該演算法。

身為電腦科學家，我們不能直接將 largest_two()、mutable_two() 兩者效能曲線視為一
樣。筆者需要以正規理論、符號（形式化）描述這個想法。下一章將介紹演算法行為分
析所需的適當數學工具。

本章總結

本章介紹各式各樣的演算法範疇。筆者針對問題實例（大小為 N），以演算法執行的關
鍵作業次數計數，為演算法的效能建模。另外還可以根據實證，評估演算法實作的執行
時間。基於兩種情況下，隨著問題實例大小 N 加倍，而可以找出演算法的成長等級。

本章介紹數個關鍵概念，其中包括：

- 時間複雜度的估計是：針對問題實例（大小為 N）計數演算法執行關鍵作業的
  次數。

- 空間複雜性的估計是：對於問題實例（大小為 N）統計演算法執行所需的儲存量
  （記憶空間）。

下一章將介紹漸近分析（*asymptotic analysis*）數學工具，對正確分析演算法所需的技術
做完整詮釋。

---

3 即：除對問題實例編碼資料之外的儲存內容；問題實例本身並不屬於演算法空間複雜度的一部分。

挑戰題

1. 回文字檢測工具：回文字（palindrome word）從前面或從後面閱讀字母皆同，譬如：*madam*。設計相關演算法，檢查某個單字（有 N 個字元）是否為回文。而憑實證確認該演算法可優於示例 1-8 所述的另外兩種方法：

   示例 1-8　回文字檢測的兩種實作

   ```python
   def is_palindrome1(w):
       """ 以負數 step（步長）建立 slice（切片），確認其與 w 的相等情況。"""
       return w[::-1] == w

   def is_palindrome2(w):
       """ 若頭尾字元相同則去掉頭尾字元，若不同則傳回 false。"""
       while len(w) > 1:
         if w[0] != w[-1]:        # 若不同，則傳回 False
           return False
         w = w[1:-1]              # 將頭尾字元去除；反覆運作

       return True                # 最終結果為回文
   ```

   解決上述問題之後，請讀者修改演算法，支援具有空格、標點符號、大小寫混合內容的回文字串檢測。例如，下列字串應屬於回文：「A man, a plan, a canal. Panama!」。

2. 線性時間的中位數演算法：有個不錯的演算法，能夠有效率的找出任何串列的中位數所在之處（為簡單說明，假設串列大小為奇數）。檢視示例 1-9 的程式碼，使用本章所述的 RecordedItem 值計數「小於」的叫用。該實作在處理資料時會對輸入的串列內容重新排列。

   示例 1-9　線性時間演算法（用於算無序串列的中位數）

   ```python
   def partition(A, lo, hi, idx):
       """ 以 A[idx] 作為劃分使用之值。"""
       if lo == hi: return lo

       A[idx],A[lo] = A[lo],A[idx]     # 互換位置
       i = lo
       j = hi + 1
       while True:
         while True:
           i += 1
           if i == hi: break
           if A[lo] < A[i]: break
   ```

```
      while True:
        j -= 1
        if j == lo: break
        if A[j] < A[lo]: break

      if i >= j: break
      A[i],A[j] = A[j],A[i]

    A[lo],A[j] = A[j],A[lo]
    return j

def linear_median(A):
    """
    傳回串列中位數之有效率實作，
    假設 A 有奇數個內容值。
    注意，該演算法將重新排列 A 的內容。
    """
    lo = 0
    hi = len(A) - 1
    mid = hi // 2
    while lo < hi:
      idx = random.randint(lo, hi)      # 隨機選擇有效索引
      j = partition(A, lo, hi, idx)

      if j == mid:
        return A[j]
      if j < mid:
        lo = j+1
      else:
        hi = j-1
    return A[lo]
```

實作不同的方法（有額外的儲存需求），依輸入內容建立排序串列、選出中間值。產生執行時間表，將其與 `linear_median()` 的執行時間相比。

3. **計數排序**：若已知某個串列 A，其內僅有非負整數（範圍從 0 到 M），則以下演算法僅使用大小為 M 的額外儲存空間即可正確排序 A 的內容。

示例 1-10 有巢狀迴圈 ——while 迴圈中還有 for 迴圈。然而，讀者可以驗證 A[pos+idx] = v 只會執行 N 次。

示例 1-10　線性時間的計數排序演算法

```
def counting_sort(A, M):
    counts = [0] * M
```

```
for v in A:
  counts[v] += 1

pos = 0
v = 0
while pos < len(A):
  for idx in range(counts[v]):
    A[pos+idx] = v
  pos += counts[v]
  v += 1
```

執行效能分析，驗證 N 個整數（範圍從 0 到 M）的排序時間，會隨著 N 的大小加倍而加倍。

你可以去掉內層 for 迴圈，改進此作業效能（其中使用 Python 的功能取代子串列內容，即 sublist[left:right] = [2,3,4]）。變更內容，依實證確認其結果變化也是隨著 N 加倍而加倍，以及執行速度提升 30%。

4. 修改錦標賽演算法得以支援奇數個內容值。

5. 示例 1-11 的程式能正確找到 A 中前兩大值的所在之處嗎？

示例 1-11　另類嘗試找出無序串列中的前兩大值

```
def two_largest_attempt(A):
  m1 = max(A[:len(A)//2])
  m2 = max(A[len(A)//2:])
  if m1 < m2:
    return (m2, m1)
  return (m1, m2)
```

說明該程式正常運作與失敗之際的情況。

## 第二章

演算法分析

你將於本章學到：

- 如何以 *Big-O* 符號為演算法（時間、空間）效能分級

- 數個效能等級如下：

    — O(1)（常數）

    — O(log N)（對數）

    — O(N)（線性）

    — O(N log N)[1]

    — O(N²)（二次）

- 漸近分析如何就 N （問題實例大小）估計演算法處理問題實例所需的時間（或儲存空間）。

- 如何處理以升序排列內容的陣列。

- 以二元陣列搜尋演算法找出排序陣列內容位置。

本章介紹演算法理論學家與從業人員，在模擬效能以及運用資源時，使用的演算法效能建模術語及符號。若我們評估軟體程式的執行時間效能，對於結果相當滿意，則可以繼

---

1 以三個音節發音，讀作：en-log-en。

續照現狀使用該應用程式。但是，若我們要提高效能，本書將指引入門之處──程式的資料結構與演算法。我們會面臨某些確切議題：

是否以最有效率的方式解決特定問題？

可能有其他演算法可以顯著提升效能。

是否以最有效率的方式實作演算法？

可能弭平隱藏的效能成本。

該買台更快的電腦嗎？

完全一樣的程式將有不同的執行時間（取決於執行程式的電腦）。本章將說明電腦科學家如何開發分析技術，以增進一般的硬體效能。

首先說明就不斷增加的問題實例大小，如何對程式的執行時間建模。對於小的問題實例而言，因為對問題實際值或電腦計時器的解析度或許過於敏感，所以可能難以準確測量演算法的執行時間。當程式處理足夠大的問題實例，我們就可以開發模型，以實證模型做演算法執行時間表現的分級。

以實證模型預測效能

筆者舉個範例來說明理論分析於實際軟體系統中確切實用的程度：假想讀者負責設計應用程式，作為夜間批次工作的一部分（每晚處理大型資料集）；該工作於半夜進行，必須在上午 6：00 之前完成。資料集包含數百萬個內容值，接下來的五年內，預計大小規模加倍。

我們已建置出工作雛型（prototype 或稱作原型），不過僅以多個小型資料集（其中各含 100、1,000、10,000 個內容值）測試該雛型。表 2-1 呈現該雛型的執行時間（針對上述的資料集）。

表 2-1　雛型執行時間

N	時間（秒）
100	0.063
1,000	0.565
10,000	5.946

這些初步結果能否針對較大問題實例（譬如：100,000，甚至是 1,000,000）預測雛型所表現的效能？讓我們僅由這份資料建置數學模型，定義函數 T(N)，以針對給定的問題實例大小，預測對應的執行時間。準確的模型將計算 T(N)，其結果接近表 2-1 中三個實際值，以及針對較大的 N 值做預測，如表 2-2 所示（中括號內複寫上述三個時間結果）。

讀者可能用過 Maple（*https://maplesoft.com*）或 Microsoft Excel（*https://microsoft.com/excel*）等軟體工具，計算樣本資料的**趨勢線**（*trendline*），也稱作最佳配適（best fit 或最佳擬合）線。熱門的 SciPy 函式庫（常用於數學、科學、工程領域）能夠開發這些趨勢線模型。示例 2-1 使用 scipy 試著找到線性模型：$TL(N) = a \times N + b$，其中 a、b 為常數。curve_fit() 將傳回該線性模型採用的 (a, b) 係數（此模型是以串列 xs、ys 中編製的可用實證資料為基礎）。

示例 *2-1* 　基於部分資料的計算模型

```
import numpy as np
from scipy.optimize import curve_fit

def linear_model(n, a, b):
  return a*n + b

# 樣本資料
xs = [100, 1000, 10000]
ys = [0.063, 0.565, 5.946]

# 傳回的第一個引數為模型的係數
[(a,b), _]  = curve_fit(linear_model, np.array(xs), np.array(ys))
print('Linear = {}*N + {}'.format(a, b))
```

輸出的模型式子為 $TL(N) = 0.000596 \times N - 0.012833$。如表 2-2 所示，此模型並不準確，隨著問題實例大小增加，其明顯低估雛型的實際執行時間；另一種可行的模型是**二次多項式**，其中 N 是以 2 的冪幅度成長：

```
def quadratic_model(n, a, b):
  return a*n*n + b*n;
```

對於 quadratic_model，目標是找到 $TQ(N) = a \times N^2 + b \times N$，其中 a、b 為常數。使用示例 2-1 的方法，式子為 $TQ(N) = 0.000000003206 \times N^2 + 0.000563 \times N$。

表 2-2 顯示，隨著問題實例大小增加，此模型明顯高估相關執行時間，結果也不準確。

其中諸多常數皆相當微小，譬如：0.0000000003206，即 3.206×10^{-9}。原因是演算法所解的問題，其涉及的問題實例大小 N 為 1,000,000 以上。注意，$(1,000,000)^2 = 10^{12}$，因此會遇到非常小與非常大的兩種常數。

表 2-2 中最後一行為第三種數學模型的預測結果，$TN(N) = a \times N \times \log(N)$，該模型使用對數函數（以 2 為底），其中 a 是常數。結果是 $TN(N) = 0.0000448 \times N \times \log(N)$。對於 N = 10,000,000，TN(N) 的估計值與實際值差距為 5% 以內。

表 2-2　各種數學模型與實際效能的比較

N	時間（秒）	TL	TQ	TN
100	[0.063]	0.047	0.056	0.030
1,000	[0.565]	0.583	0.565	0.447
10,000	[5.946]	5.944	5.946	5.955
100,000	65.391	59.559	88.321	74.438
1,000,000	860.851	595.708	3769.277	893.257
10,000,000	9879.44	5957.194	326299.837	10421.327

就總執行時間而言，線性模型 TL 低估其值，而二次模型 TQ 高估該值。對於 N = 10,000,000，TL 表明耗費 5,957 秒（約 100 分鐘），而 TQ 表示需要 326,300 秒（大約 91 小時）。TN 對於效能預測有較好的表現，估計使用 10,421 秒（約 2.9 小時），而實際效能為 9,879 秒（ 2.75 小時）。

雛型在一夜之間完成需求——值得欣慰！——不過我們必須檢視雛型的程式碼，明白其中運用的演算法、資料結構，而無論解決的問題實例為何，皆可保證為此一結果。

為何式子 $a \times N \times \log(N)$ 的行為建模表現相當不錯？其與應用程式雛型採用的基本演算法有關。上述三種模型——線性、二次、N log N——在演算法分析時會經常出現。就此再舉例說明約莫五十年前發現的驚人結果 [2]。

更快的乘法

以兩個範例而言，如示例 2-2 所示，利用多數人在小學所學的演算法將兩個 N 位數（整數）相乘。雖然筆者沒有精確定義這個演算法，不過示例呈現該演算法會建立 N 筆乘積，列於原數值之下，將這些乘積加總即可得到最終答案。

---

[2]　在 1960 年，莫斯科大學的 23 歲學生 Anatoly Karatsuba 發現快速乘法演算法。Python 以此演算法執行大數（整數）相乘。

示例 2-2　使用小學程度演算法將兩個 N 位數（整數）相乘

```
        456                 123456
      x 712               x 712835
      - - -               - - - - - -
        912                 617280
        456                 370368
       3192                 987648
      - - - - - -           246912
     324672                 123456
                            864192
                            - - - - - - - - - - -
                            88003757760
```

將兩個 3 位數（整數）相乘時，需要執行 9 個單一位數乘法。對於 6 位數（整數）相乘，需要 36 個單一位數乘法。以此演算法將兩個 N 位數（整數）相乘，需要 N^2 個單位數乘法。另一個觀測結果是，**當整數的位數加倍時，需要四倍的單一位數乘法**。筆者並沒有計數其他工作（譬如加法），因為單一位數乘法是此例的關鍵作業。

電腦 CPU 支援的有效率作業，可適用固定長度的 32 位元、64 位元整數相乘，處理大數（整數）則無能為力。Python 會自動將大數（整數）升級成 *Bignum* 結構，讓整數可擴展至任意所需的規模。如此一來，兩個 N 位數相乘時，我們可以測量執行時間。表 2-3 呈現的模型，其中以兩個 N 位數（整數）相乘的前五列實際時間結果為基礎（如中括號所示）。

表 2-3　將兩個 N 位數（整數）相乘

N	時間（秒）	TL	TQ	Karatsuba	TKN
256	[0.0009]	-0.0045	0.0017	0.0010	0.0009
512	[0.0027]	0.0012	0.0038	0.0031	0.0029
1,024	[0.0089]	0.0126	0.0096	0.0094	0.0091
2,048	[0.0280]	0.0353	0.0269	0.0282	0.0278
4,096	[0.0848]	0.0807	0.0850	0.0846	0.0848
8,192	0.2524	0.1716	0.2946	0.2539	0.2571
16,384	0.7504	0.3534	1.0879	0.7617	0.7765
32,768	2.2769	0.7170	4.1705	2.2851	2.3402
65,536	6.7919	1.4442	16.3196	6.8554	7.0418
131,072	20.5617	2.8985	64.5533	20.5663	21.1679
262,144	61.7674	5.8071	256.7635	61.6990	63.5884

TL 為 線 性 模 型， 而 TQ 是 二 次 模 型。Karatsuba 是 特 別 的 式 子 a × N$^{1.585}$， 而 TKN(N) = a × N$^{1.585}$ + b × N 為改良版模型，其中 a、b 為常數 [3]。TL 明顯低估執行時間。 TQ 顯著高估時間結果，此為令人驚訝的情形，依之前所述的直覺判斷，N 加倍時，執 行時間應增加四倍，這是二次模型的基本特性。其他模型更準確預測 Python 中 N 位數 （整數）相乘的效能，其中使用高等而更有效率的 Karatsuba 乘法演算法執行大數（整 數）相乘。

用於產生表 2-2、2-3 的方法是不錯的入門方式，不過此為間接方式（僅基於執行時間， 非透過檢視程式碼的方式）而有其限制。本書將描述演算法的實作，以程式碼結構為基 礎，確認適當的式子為演算法效能建模。

效能等級

以不同演算法解決同一個問題，有時可以使用數學模型將演算法效能分級，直接確 認哪個演算法最有效率。往往會以諸如「複雜度為 O(N^2)」或「最差情況下的效能為 O(N log N)」之類的用語描述演算法。筆者以圖 2-1 的內容詮釋此一術語，若讀者讀過演 算法分析的書籍或線上資源，則對於此圖應該不陌生。

目標是找到一個模型，可以針對已知問題實例 N，預測**最糟的執行時間**。數學中，將 此稱為上限（*upper bound*）——考量「演算法永遠不會比此更費力」此一敘述。相對的 概念，下限（*lower bound*），表示最好的執行時間效能——換句話說，「演算法必定至少 如此費力」。

在此以汽車時速表建模為例說明下限、上限的概念，考量時速表是如何計算顯示時速 來作為汽車實際時速的近似值。顯示時速必須**不能低於實際時速**，使得駕駛人遵守 速限，如此表示下限的數學概念。而對於高端值情況，容許顯示時速高達實際時速的 110% 再加上時速 4 公里 [4]，此為上限的數學概念。

汽車的實際時速必須一直介於下限與上限之間。

圖 2-1 的三條曲線——TL、TQ、TKN——呈現模型預測內容，而黑色方塊表示各組兩 N 位數（整數）相乘的實際效能。雖然 TQ(N) 是實際效能的上限（即對於所有 N 值， TQ(N) > Time），不過此模型非常不準確，詳情如圖 2-1 所示。

---

3 指數 1.585 是 log(3)（以 2 為底）的近似值（即：1.58496250072116）。
4 這是歐盟的規定；美國的時速表精確至正負 5（英里／小時）以內即可。

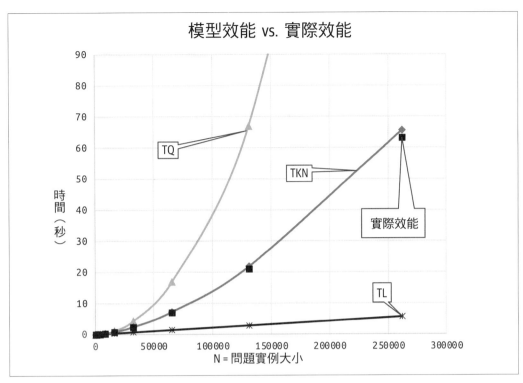

圖 2-1　模型與實際效能比較

若我們回頭檢視表 2-3 可觀測到，對於大於或等於問題實例大小閾值 8,192 的所有 N 值，TKN(N) 效能大於對應 N 值所列的實際效能，而且較為接近實際值。此一證據清楚顯示，一旦 N 值「足夠大」，實際行為往往趨於穩定，此與每個演算法及其實作方式有關。

因為對所有 N 值，TL(N) < Time，所以 TL(N) 似乎為實際效能的下限建模。不過，隨著 N 值增加，則其與該執行時間漸行漸遠，基本上將其作為演算法執行時間效能的模型則毫無意義。Karatsuba 的式子 $a \times N^{1.585}$，其值如表 2-3 所示，呈現出更準確的下限。

若我們用不同電腦執行上述程式，則表 2-3 所示的數值細節將有差異——執行時間可能更慢或更快；TKN() 的 a、b 係數將不一樣；TKN(N) 趨於穩定的問題實例大小閾值可能更低或更高。因為 Karatsuba 快速乘法演算法的結構決定其中的效能表現，所以模型的指數 1.585 固定不變。任何超級電腦皆無法莫名的讓 Karatsuba 實作突然以線性 TL(N) 模型建模方式表現。

我們此刻可以進行**漸近分析**，在評估演算法效能時，此分析讓無具備實際電腦相關知識的讀者也可為之。功能強大的電腦可以讓程式執行更快速，不過這些電腦無法影響漸近分析的原則。

漸近分析

加常數（*additive constant*）的概念常見於許多實際場景中，譬如筆者方才論述的時速表。這就像是「將在 40 分鐘內到那裡，頂多差個 5 分鐘」的意思。

漸近分析將此概念進一步擴展，引入**乘常數**（*multiplicative constant*）概念用於分析演算法。若你聽聞過**摩爾定律**（*Moore's Law*），應對此概念不陌生。英特爾公司共同創辦人高登‧摩爾（Gordon Moore）於 1965 年預測，在十年內，積體電路的元件數每年將增加一倍；1975 年，他將此預測內容改為每兩年增加一倍。這個預測 40 多年來始終見效，也說明電腦運算速度基本上每兩年成長一倍的原因。用於運算的乘常數，表示我們可以找到舊電腦（相較現代電腦），執行相同程式的速度會慢一千倍（甚至更糟）。

以解決相同問題的兩種演算法為例。使用筆者之前所示的技術，假設演算法 X 就大小為 N 的問題需要執行 5N 次作業，而演算法 Y 需要 $2020 \times \log(N)$ 次作業得以解決相同問題。演算法 X 比 Y 更有效率嗎？

我們有兩台電腦執行上述演算法的實作：電腦 C_{fast} 的速度是 C_{slow} 的兩倍快。圖 2-2 為每個演算法的作業數（就問題實例大小 N 而言）。另外還顯示 C_{fast} 執行 X、Y 的效能（即標題為 X_{fast}、Y_{fast} 的行資料），以及 C_{slow} 執行 X 的效能（即標題為 X_{slow} 的行資料）。

	# 作業數		執行時間			
N	X	Y	X_{slow}	X_{fast}	Y_{fast}	$X_{fastest}$
4	20	4,040	0.0	0.0	2.7	0.0
8	40	6,060	0.0	0.0	4.0	0.0
16	80	8,080	0.1	0.0	5.4	0.0
32	160	10,100	0.1	0.1	6.7	0.0
64	320	12,120	0.2	0.1	8.1	0.0
128	640	14,140	0.4	0.2	9.4	0.0
256	1,280	16,160	0.9	0.4	10.8	0.0
512	2,560	18,180	1.7	0.9	12.1	0.0
1,024	5,120	20,200	3.4	1.7	13.5	0.0
2,048	10,240	22,220	6.8	3.4	14.8	0.0
4,096	20,480	24,240	13.7	6.8	16.2	0.0
8,192	40,960	26,260	27.3	13.7	17.5	0.1
16,384	81,920	28,280	54.6	27.3	18.9	0.1
32,768	163,840	30,300	109.2	54.6	20.2	0.2
65,536	327,680	32,320	218.5	109.2	21.5	0.4
131,072	655,360	34,340	436.9	218.5	22.9	0.9
262,144	1,310,720	36,360	873.8	436.9	24.2	1.7
524,288	2,621,440	38,380	1,747.6	873.8	25.6	3.5
1,048,576	5,242,880	40,400	3,495.3	1,747.6	26.9	7.0
2,097,152	10,485,760	42,420	6,990.5	3,495.3	28.3	14.0
4,194,304	20,971,520	44,440	13,981.0	6,990.5	29.6	28.0
8,388,608	41,943,040	46,460	27,962.0	13,981.0	31.0	55.9

圖 2-2　演算法 X、Y 的效能（於不同電腦上執行）

雖然最初 X 需要的作業數比 Y 少（就相同大小的問題實例而言），不過一旦 N 為 8,192 以上，Y 所需的作業數少很多，甚至相差甚遠。圖 2-3 視覺化呈現出 4,096 與 8,192 之間的交叉點，此時 Y 所需的作業數開始優於 X。當於兩台迥異的電腦執行 X 的相同實作時，我們可見 X_{fast}（在 C_{fast} 上執行的結果）優於 X_{slow}（在 C_{slow} 上執行的結果）。

若我們有某台超級電腦 $C_{fastest}$ 的速度為 C_{fast} 的 500 倍快，最終會找到某個問題實例大小，其中在 C_{fast} 執行高效率演算法 Y 的效能優於在 $C_{fastest}$ 執行低效率演算法 X 的表現。因為在不同的電腦上執行程式，某種意義而言，這是「風馬牛不相及」的比較；但是，在此特定情況下，交叉處位於 4,194,304 與 8,388,608 之間的問題實例大小。一旦問題實例足夠大，最終於較慢的電腦執行較有效率演算法也會有較優的表現（甚至與超級電腦的執行結果相較也是如此）。

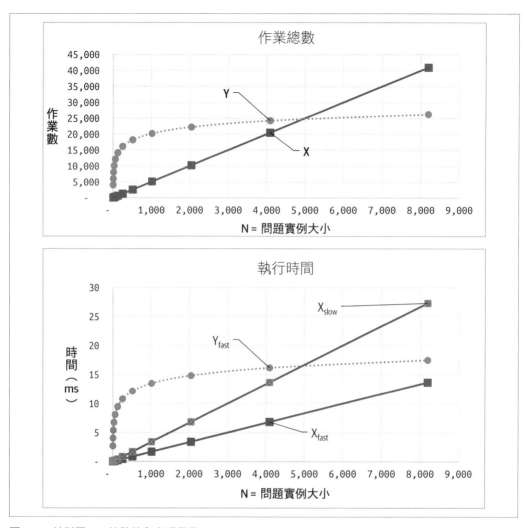

圖 2-3　針對圖 2-2 的數值內容視覺化

我們可以試著使用高等運算硬體解決問題，不過最終來說，對於足夠大的問題實例，高效率的演算法運作更快速。

電腦科學家使用 Big-O 符號為演算法分級，其中以最佳情況（或最差情況）問題實例（大小為 N）的執行時間為基礎。使用字母 O 的原因是函數的成長率稱為「函數的等級（order 或稱作階）」。例如，式子 $4N^2 + 3N - 5$ 是一個「階次為 2 的」函數，因為 N 的最大指數為 2，也稱為二次函數。

若要針對大小為 N 的問題實例，估計演算法的執行時間，可先從計數作業數開始。假設每個作業的執行時間固定，如此可將此計數值視為執行時間的估計值。

T(N) 是演算法處理問題實例（大小為 N）所需的時間。可以針對最佳情況、最差情況的問題實例，為相同演算法定義不同的 T(N)。時間單位（不論是毫秒或是秒）無關緊要。

S(N) 是演算法處理問題實例（大小為 N）所需的儲存空間。可以針對最佳情況、最差情況的問題實例，為相同演算法定義不同的 S(N)。空間單位（不管是位元或是 GB）無關緊要。

計數所有作業

目標是演算法處理任何問題實例（大小為 N）的時間估計。因為必須對所有問題實例皆能估計準確，所以設法找到最差情況問題實例，讓演算法盡最大所能運作。

首先，找出 K(N)，即對於最差情況問題實例（大小為 N），演算法執行關鍵作業的次數計數。接著，估計機器指令執行總數，此為前項計數的倍數，即 $c \times K(N)$。因為當今程式語言語法可被編譯成數十、數百個機器指令，所以此為萬無一失的假設。讀者甚至不必計算 c 值，只需基於電腦的個別效能，憑經驗決定此值，如筆者所為。

該符號將效能（或儲存）的軌跡明確分類為 N 的函數。每個效能等級 O(f(N)) 將由某個 f(N) 表述。該術語起初可能會令人費解。演算法分級時，我們將基於 N 值使用式子表示成某個函數 f。我們之前已提及四種效能等級：

- O(N) 是線性複雜度等級，其中 f(N) = N。
- $O(N^{1.585})$ 是 Karatsuba 複雜度等級，其中 $f(N) = N^{1.585}$。
- $O(N^2)$ 是二次複雜度等級，其中 $f(N) = N^2$。
- O(N log N) 複雜度等級中，$f(N) = N \times \log N$。

若我們要執行準確的分析，必須檢視原始程式，了解演算法的結構。下列程式範例中，關鍵作業 ct = ct + 1 執行幾次？

```
for i in range(100):
  for j in range(N):
    ct = ct + 1
```

外層迴圈 i 執行 100 次，迴圈每次作業中，其內層迴圈 j 執行 N 次。所以，ct = ct + 1 總共執行 100 × N 次。對於大小為 N 的問題實例，執行上述程式的總時間 T(N) 小於 c × N（其中 c 為適當選擇的值）。若於實際電腦執行此程式，我們將能夠找到確切的 c 值。較精確而論，使用 Big-O 符號，我們可以表述此程式的效能為 O(N)。

以不同的運算系統執行此程式數千次，每次皆能夠算出不同的 c 值；此事實持續為真，這也是我們可將程式效能歸為 O(N) 等級的原因。此一論述規避某些理論細節，而我們僅需要知道，若確認用某個函數 f(N)，表示演算法的作業計數，則有對應的演算法等級 O(f(N))。

計數所有位元組

我們可以執行類似的分析，就問題實例（大小為 N）找出演算法所需的空間複雜度。當演算法動態配置額外的儲存空間，因動態記憶體管理的相關成本，而總是提升執行效能。

下列的 Python 陳述式需求不同的空間量：

- range(N) 使用固定的空間量，Python 3 的 range 是一個產生器，每次產生一個數值，並不會配置整個串列空間（配置串列空間乃為 Python 2 的作為）。

- list(range(N)) 建構一個串列，儲存 N 個整數（從 0 到 N − 1）。所需的記憶空間大小增長與 N 值成正比。

對於某個陳述式的空間量化並不容易，原因是沒有普遍認同的空間單位。我們應該用記憶體位元組計數？還是位元？整數需要以 32 位元或是 64 位元儲存呢？設想未來的電腦容許以 128 位元表示整數值。該空間複雜度是否會有變化？Python 的 sys. getsizeof(...) 可取得物件的大小（位元組）。 Python 3 的 range() 使用產生器實作，如此大幅降低 Python 程式的儲存需求。若你將下列的陳述式輸入於 Python 直譯器中，將看到對應的儲存需求：

```
>>> import sys
>>> sys.getsizeof(range(100))
48
>>> sys.getsizeof(range(10000))
48
>>> sys.getsizeof(list(range(100)))
1008
>>> sys.getsizeof(list(range(1000)))
9112
```

```
>>> sys.getsizeof(list(range(10000)))
90112
>>> sys.getsizeof(list(range(100000)))
900112
```

這些結果顯示，list(range(10000)) 位元組儲存量為 list(range(100)) 位元組儲存量的 100 倍大。若我們檢視其他數值時，可以將此儲存需求歸為 O(N) 等級。

相較之下，range(100)、range(10000) 所需的位元組數量相同（48 個位元組）。由於該儲存量為常數，我們需要引入另一個複雜度等級，即：**常數複雜度等級**：

- O(1) 是**常數複雜度等級**，其中 f(N) = c，c 為某個常數值。

本章已經介紹許多理論資料，此刻可將這些概念付諸實行。接下來要呈現電腦科學的最佳搜尋演算法——二元陣列搜尋。在說明該演算法相當有效率之際，將引入新的複雜度等級 O(log N)。

命運之門

有個序列，內含七個不同數值，從左到右按遞增順序排列，其中將每個數值分別藏於各自門後，如圖 2-4 所示。嘗試下列的挑戰：**你至少需要開啟多少扇門——每次打開一扇門——才能找到目標值 643，或者證明此數值並沒有藏在任何一扇門後面？**你可以從左邊開始，打開每扇門——每次打開一扇門——直到找出 643 以上的數值（若首次遇到大於 643 的值，表示所有門後面都沒有藏此目標值）。但倘若你運氣不佳，可能就必須打開所有的門（總共七扇門）。上述搜尋策略並沒有善用門後數值按升序排列這項已知事實。其實，你最多只要打開三扇門即可解決此一挑戰。先打開中間的 4 號門。

圖 2-4 命運之門！

此門後藏的數值是 173；因為你正在搜尋 643，所以可以忽視 4 號門左邊各扇門（這些門後的數值皆小於 173）。現在打開 6 號門，顯示數值 900。此時你可以忽視 6 號門右邊各扇門。僅剩 5 號門可能隱藏 643，所以打開此門確定原序列是否含有 643。筆者請讀者試想，此數值是否位於該扇門後面。

若你就任何七個數值的升序串列與任一目標值，重複執行此程序，則打開的門數將永遠不需要超過三扇。你是否有注意到 $2^3 - 1 = 7$？若有 1,000,000 扇門涵蓋升序數值串列，會發生什麼事？若你只能打開 20 扇門，確定某扇門後是否藏著特定數值，是否因此接受 10,000 美元的挑戰？應該為之！因為 $2^{20} - 1 = 1,048,575$，所以你打開 20 扇以下的門之後，終究可以在 1,048,575 個數值的升序串列中找到特定數值所在。更棒的是，若突然出現兩倍的門數，即為 2,097,151，則你永遠不需要打開超過 21 扇門就可以找到某個特定數值；你僅需要額外多打開一扇門。如此看來效率非凡！以上的探索論述即是二元陣列搜尋。

二元陣列搜尋

因為二元陣列搜尋的時間複雜度，而成為電腦科學的基本演算法。示例 2-3 實作的內容為搜尋某個有序串列 A 中的 target。

示例 2-3　二元陣列搜尋

```
def binary_array_search(A, target):
  lo = 0
  hi = len(A) - 1              ❶

  while lo <= hi:              ❷
    mid = (lo + hi) // 2       ❸

    if target < A[mid]:        ❹
      hi = mid-1
    elif target > A[mid]:      ❺
      lo = mid+1
    else:
      return True              ❻

  return False                 ❼
```

❶ 將 lo、hi 分別設為串列頭尾索引位置 0、len(A)-1。

❷ 只要有一個以上的值待探索，就繼續進行。

❸ 找出其餘範圍 A[lo .. hi] 的中點值 A[mid]。

❹ 若 target 小於 A[mid]，則繼續搜尋 mid 的*左邊*。

❺ 若 target 大於 A[mid]，則繼續搜尋 mid 的*右邊*。

❻ 若找到 target，則傳回 True。

❼ 一旦 lo 大於 hi，表示無值可搜尋了。回報 A 中沒有 target。

最初將 lo、hi 分別設為 A 的最低、最高索引值。雖然有個子串列待探索，不過在此使用整數除法找出中點 mid。若 A[mid] 是 target，則該搜尋結束；否則你要重複進行搜尋：往左邊子串列 A[lo .. mid-1]，或往右邊子串列 A[mid+1 .. hi] 搜尋。

A[lo .. mid] 表示從 lo 到 mid（包含 mid）範圍的子串列。若 lo > mid，則該子串列為空串列。

此演算法判斷 N 個值的排序串列中是否存在某個特定值。隨著迴圈的疊代作業，最終不是找到 target，就是 hi 跨界而小於 lo 使得迴圈停止運作。

跟 π 一樣簡單

以下列內容為例，使用二元陣列搜尋，找出圖 2-5 所示的串列中目標值 53。首先將 lo、hi 設為 A 的邊界索引位置。於 while 迴圈中，計算 mid。因為 A[mid] 為 19——小於目標值 53——程式將符合 elif 情況，將 lo 設置 mid + 1 調整搜尋子串列 A[mid+1 .. hi]。不再考量淺灰色區塊的數值。此疊代作業後待探索的子串列大小減半（從 7 個值減為 3 個值）。

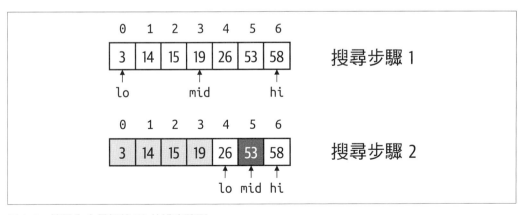

圖 2-5　搜尋內含目標值 53 的排序陣列

在 while 迴圈第二次疊代作業中，重新計算 mid，而 A[mid] 的結果為 53，此為目標值，因此該函式傳回 True。

 在執行二元陣列搜尋之前，檢查 target ≥ A[0]、target ≤ A[-1]，值得嗎？如此做，可針對有序串列中未曾出現的目標值，避免無謂的搜尋。簡短的回答是：不值得。對於每次的搜尋，需要額外加入兩次比較，若搜尋的值始終位於 A 中極值範圍內，則不需要做比較。

接著搜尋串列中不存在的值。搜尋圖 2-6 的目標值 17，如同之前初始化 lo、hi。A[mid] 為 19，大於目標值 17，所以符合 if 情況，搜尋焦點轉往 A[lo ..mid-1]。不再考量淺灰色區塊的數值。目標值 17 大於 A[mid] = 14，因此符合 elif 情況，而試圖搜尋 A[mid+1 .. hi]。

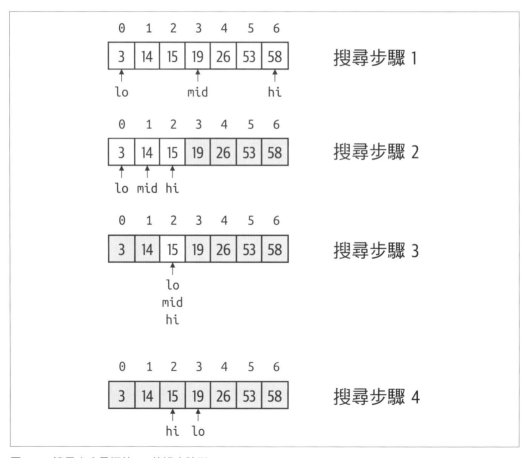

圖 2-6　搜尋未含目標值 17 的排序陣列

while 迴圈的第三次疊代作業中，A[mid] 為 15，小於目標值 17。再度符合 elif 情況，此時設定 lo，讓其值大於 hi；此乃「交叉」（跨界），如圖 2-6 的底端步驟所示。while 迴圈的條件不成立，使得此函式傳回 False 表示 A 並無含有目標值。

一舉兩得

若我們想知道 target 在 A 中的確切位置，而非只是確認 A 中是否含有 target，該怎麼辦？目前的二元陣列搜尋函式僅傳回 True 或 False。修改該程式，如示例 2-4 所示，傳回索引位置 mid，即在此位置找到 target。

示例 2-4　傳回 target 在 A 中的位置

```
def binary_array_search(A, target):
  lo = 0
  hi = len(A) - 1

  while lo <= hi:
    mid = (lo + hi) // 2

    if target < A[mid]:
      hi = mid-1
    elif target > A[mid]:
      lo = mid+1
    else:
      return mid              ❶

  return -(lo+1)              ❷
```

❶ 因為 mid 為 target 的位置，所以傳回 mid。

❷ 因找不到 target，而傳回 -(lo+1) 予以提醒呼叫者。

若 target 不在 A 中，應傳回什麼結果？我們可以只傳回 –1（此為無作用的索引位置），不過還能傳回更多資訊。若我們想通知呼叫者「target 不在 A 中，而要把 target 插入 A 中，則可將其放入此位置」，該怎麼辦？

回頭瀏覽圖 2-6。搜尋目標值 17（A 中不存在此值），lo 的終值實際上是目標值 17 將被插入的所在位置。我們可以用 -lo 作為傳回結果，此傳回內容雖然適用於幾乎所有的索引位置，而開頭索引位置除外（即零值除外）。因此可以改傳回 -(lo + 1)。函式呼叫者接收到此負值 x，即清楚明白 target 要插入 -(x + 1) 位置。若函式傳回非負值，即為 target 在 A 中的位置。

最後舉個最佳化示例。示例 2-4 的 target、A[mid] 之間有兩次比較。若兩者內容皆為數值，示例 2-5 呈現如何計算兩者的差值，叫用關鍵作業只需一次，而非兩次；如此還確保存取 A[mid] 只需一次。

示例 2-5　數值比較的最佳化（僅需比較一次）

```
diff = target - A[mid]
if diff < 0:
  hi = mid-1
elif diff > 0:
  lo = mid+1
else:
  return mid
```

若 target 小於 A[mid]，則 diff < 0，此邏輯等同於 target < A[mid] 的確認。若 diff 為正數，則表示 target 大於 A[mid]。就算這些內容值非數值，某些程式語言也有 compareTo() 函式，可依據兩值的相對順序而相應傳回負數、零、正數。若比較作業成本高昂，則採用上述作業可以提升程式效率。

 若串列內容值以降序排列，則我們依然可用二元陣列搜尋 —— 只需將 while 迴圈中 lo、hi 更新處的內容互換即可。

對於大小為 N 的問題實例而言，二元陣列搜尋的效率為何？要知道此問題的答案，我們必須計算最差情況的 while 迴圈必定執行次數。答案與對數（logarithm）的數學概念有關[5]。

若要了解對數概念，可考量下列問題：數值 1 需加倍幾次才能等於 33,554,432 ？當然我們可以開始用手算：1、2、4、8、16……，不過這是很單調乏味的做法。基於數學而言，就是在求一個值 x，使得 $2^x = 33,554,432$。

注意，2^x 涉及底數（2）與指數（x）的取冪（exponentiation）。就像除法為乘法的反運算一樣，對數與取冪為相反運算。要求 x，使得 $2^x = 33,554,432$，則可就底數為 2 計算 $\log_2(33,554,432)$，而得到結果值 25.0。若我們用計算機輸入式子 2^{25}，可能結果 33,554,432。

5　_logarithm_ 與 _algorithm_ 兩字為變位詞（anagram），純屬巧合。

上述運算也可回應 33,554,432 可用 2 除多少次（使得商為 1）的問題。在除 25 次之後，商為 1。log() 計算結果為浮點數；例如，$\log_2(137)$ 約為 7.098032。如此有其道理，因為 $2^7 = 128$，所以 137 需用略高的指數表示（以 2 為底而言）。

二元陣列搜尋演算法，只要 lo ≤ hi（換句話說，還有內容值待搜尋時），就重複執行 while 迴圈。第一次疊代作業起初有 N 個值待搜尋，第二次疊代作業，待搜尋個數下降，但不會超過 N/2——若 N 為奇數，則此個數為 (N – 1)/2。若我們要得知連續疊代作業的最大次數，則需要算出 N 可用 2 除（直到商為 1）的次數。此數量正好是 $k = \log_2(N)$，所以 while 迴圈疊代執行總次數是 1 + k，其中 1 為針對 N 個值的首次搜尋作業，k 則為連續疊代作業的次數。因為 log() 將傳回浮點數，而我們需要以整數表示疊代作業次數，所以使用 floor(x) 數學運算，可算出小於或等於 x 的最大整數。

一般手持式計算機並無功能按鈕可計算 $\log_2(X)$，大多數計算機 app 也沒有這項功能。別擔心！我們始終能夠輕易計算 $\log_2$。例如，$\log_2(16) = 4$。可用計算機輸入 16，然後按下 log 按鈕（其中是以 10 為底或以自然常數 e 為底）。計算機螢幕應該會顯示看似惱人的數值，例如：1.20411998。此時按 /（除法），接著按 2，最後再次按 log 鈕。螢幕應該顯示 0.301029995。在所有希望幾乎破滅之際，按等於按鈕。神奇的是，出現數值 4。上述作業程序的含意是：$\log_2(X) = \log_{10}(X)/\log_{10}(2)$。

二元陣列搜尋中 while 迴圈的疊代作業次數，不超過 floor($\log_2(N)$) + 1 次。此一行為相當特別！依序排列的一百萬個值，只需執行 while 迴圈的疊代作業 20 次，即可找到任意指定值。

若要為此式子快速提出實證，可針對大小為 N（範圍從 8 到 15）的問題實例，計數 while 迴圈的疊代作業次數：對於所有情況而言，只需要 4 次即可。例如，從第一次疊代作業處理 15 個值開始，第二次疊代作業探索內有 7 個值的子串列，第三次疊代作業探索內含 3 個值的子串列，第四次（也是最後一次）疊代作業探索只有 1 個值的子串列。若從 10 個值開始處理，則每次疊代作業探索的內容個數將為 10 → 5 → 2 → 1，如此也表示總共需要 4 次疊代作業。

二元陣列搜尋的經歷造就新的複雜度等級 O(log N)，此稱為**對數複雜度等級**，其中 f(N) = log(N)。

總而言之，若我們分析演算法而確認其時間複雜度為 O(log N)，則表示一旦問題實例大小大於某個閾值，該演算法的執行時間 T(N) 始終小於 c × log(N)（其中 c 為某常數）。若我們無法用複雜度較低的其他複雜度等級表明，則上述表示即是正確的。

所有複雜度等級（依優勢順序排列），如圖 2-7 所示。

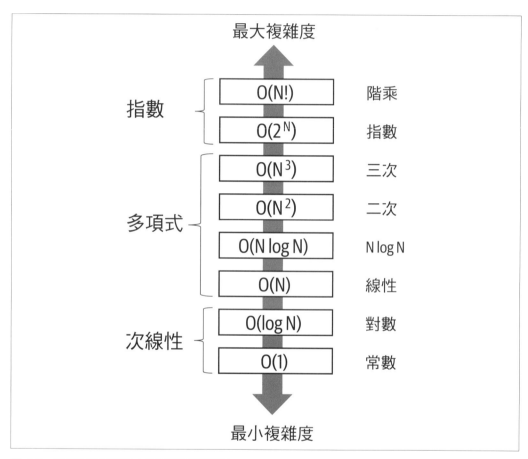

圖 2-7　所有複雜度等級（以優勢階級排列）

雖然複雜度等級數量無限，而此圖呈現出最常見的八個複雜度等級。常數時間 O(1) 的複雜度最小，反映出與問題實例大小無關的固定作業量。緊接著複雜度高一些的等級是對數 O(logN)，前述的二元陣列搜尋即屬於此類。此兩種等級皆稱為**次線性**，位於此等級的演算法是相當有效率的演算法。

線性 O(N)，此等級表示複雜度與問題實例大小成正比。複雜度遞增的一系列多項式等級——O(N²)、O(N³)……——上至 O(Nᶜ)（其中 c 為固定常數）。位於 O(N)、O(N²) 之間的是 O(N log N)，此等級往往是演算法設計師認為的理想複雜度等級。

若有時間複雜度的多重組合，則上述的優勢階級也有助於確認演算法的分級。例如，若演算法有兩個子步驟——步驟 1 的時間複雜度為 O(N log N)，步驟 2 的時間複雜度為 O(N²)，則此演算法的總複雜度為何？該演算法的整體將歸為 O(N²) 等級，因為步驟 2 的複雜度對整體複雜度有影響優勢。實務上，若我們對演算法的 T(N) 建模為 $5N^2 + 10,000,000 \times N \times \log(N)$，則 T(N) 的複雜度為 O(N²)。

最後兩個複雜度等級——指數、階乘——效率糟糕，歸為這些時間複雜度的演算法只能解決非常小的問題實例。讀者可試做本章末尾的挑戰題（處理這些複雜度等級的相關題目）。

整體而言

表 2-4 針對每個選定的複雜度等級，呈現 f(N) 的運算。設想，表中每格數值表示：屬於特定時間複雜度（行資料）的某演算法，處理大小為 N 的問題實例（列資料）所對應的估計時間（秒）。4,096 秒約莫是一小時八分鐘，因此在短短一個多小時的運算時間裡，可能解決：

- O(1) 等級演算法，其效能與問題實例大小無關

- O(log N) 等級演算法，其中問題實例大小必須小於或等於 2^{4096}

- O(N) 等級演算法，其中問題實例大小必須小於或等於 4096

- O(N log N) 等級演算法，其中問題實例大小必須小於或等於 462

- O(N²) 等級演算法，其中問題實例大小必須小於或等於 64

- O(N³) 等級演算法，其中問題實例大小必須小於或等於 16

- O(2ᴺ) 等級演算法，其中問題實例大小必須小於或等於 12

- O(N!) 等級演算法，其中問題實例大小必須小於或等於 7

表 2-4 各種運算的成長幅度

N	log(N)	N	N log N	N²	N³	2^N	N!
2	1	2	2	4	8	4	2
4	2	4	8	16	64	16	24
8	3	8	24	64	512	256	40,320
16	4	16	64	256	4,096	65,536	2.1×10^{13}
32	5	32	160	1,024	32,768	4.3×10^{9}	2.6×10^{35}
64	6	64	384	4,096	262,114	1.8×10^{19}	1.3×10^{89}
128	7	128	896	16,384	2,097,152	3.4×10^{38}	∞
256	8	256	2,048	65,536	16,777,216	1.2×10^{77}	∞
512	9	512	4,608	262,144	1.3×10^{8}	∞	∞
1,024	10	1,024	10,240	1,048,576	1.1×10^{9}	∞	∞
2,048	11	2,048	22,528	4,194,304	8.6×10^{9}	∞	∞

研究最低複雜度等級演算法的理由是，我們想要解決的問題過大（連使用最快速的電腦也是如此）。使用較高複雜度等級的演算法，甚至對於小問題的解決時間，基本上也是無窮大（如圖 2-8 所示）。

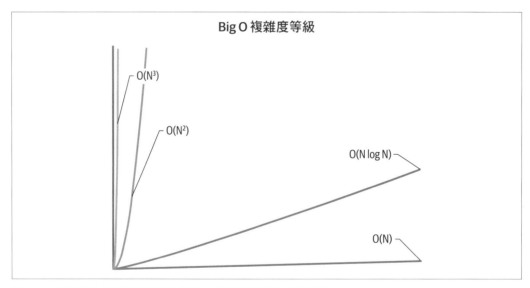

圖 2-8 依複雜度等級而就問題實例大小所描繪的執行時間效能

針對這些相當大的數值，常用的視覺化方法，如圖 2-8 所示。x 軸表示待解問題的實例大小。y 軸表示圖中標記的某個演算法執行時間總估計值。隨著演算法複雜度的增加，「在合理時間內」能解決的問題實例大小將減小。

以下列更為複雜的情境為例：

- 如果某人將演算法歸為 $O(N^2 + N)$ 等級，我們應如何反應？圖 2-7 中優勢階級顯示，N^2 的複雜度比 N 大，因此可以將其簡化為 $O(N^2)$ 等級。同樣的，可將 $O(2^N + N^8)$ 簡化成 $O(2^N)$。

- 若將演算法歸為 $O(50 \times N^3)$ 等級，則我們可將其簡化為 $O(N^3)$（乘常數可忽略）。

- 演算法的行為除了取決於問題實例大小 N 之外，有時還可能與屬性相關。例如，以處理 N 個數值的演算法為例，其主要工作的執行時間與 N 成正比。此時假設該演算法有個子工作，用於處理問題實例中所有**偶數值**。此子工作的執行時間與 E^2 成正比，其中 E 為偶數個數。我們可能會明確指出演算法的執行時間為 $O(N + E^2)$。例如，若我們可以從輸入集中剔除所有偶數值，則此效能會改為 $O(N)$，如此情況值得關注。當然，在**最差情況**下，即所有數值皆為偶數時，因為 E ≤ N，所以演算法的整體等級將變為 $O(N^2)$。

曲線配適與上限下限

SciPy 的 `curve_fit()` 函式使用非線性的最小平方法（least squares method）將模型函數 f 與現有資料配適（fit 或稱作擬合）。這些資料是基於各種問題實例（大小為 N）與解決這些實例所用演算法的各個執行時間。`curve_fit()` 的結果——如本章所示——是與模型函數搭配運用的係數（用於預測未來的執行時間）。將這些係數用於 f，所得的模型可將實際資料與模型預測值兩者之間的誤差平方和最小化。

對於特定問題實例的演算法實作而言，如此有助於取得其內部行為的大致估計。就本身而言，該模型並非經過驗證的（與演算法複雜度相關的）上限或下限。我們需要檢視演算法實作，而開發模型，以計數關鍵作業數量，其中直接影響演算法的執行時間。

有個準確的模型 f(N)，表達**最差情況**下演算法就問題實例（大小為 N）的關鍵作業計數，則表示將 O(f(N)) 視為最差情況的等級，此為上限。可以類推導出相應的下限，以對演算法在**最差情況**下至少必須花費的作業量建模。Ω(f(N)) 用於描述演算法下限的等級（以 Ω 符號表示）[6]。

6　Ω 是大寫的希臘字母 omega。

前述的二元陣列搜尋，已呈現 while 迴圈的疊代作業次數不超過 floor(log2(N)) + 1 次。如此表示，最差情況下，以 f(N) = log(N) 將二元陣列搜尋正式歸為 O(logN)。二元陣列搜尋的最佳情況為何？若在 A[mid] 中找到目標值，則該函式僅執行 while 迴圈的一次作業後即傳回結果。由於這是與問題實例大小無關的常數，如此表示二元陣列搜尋在最佳情況下被歸為 O(1) 等級。儘管許多程式設計師認為 Big-O 符號僅用於最差情況，然而 Big-O 符號對於最佳情況、最差情況兩者的分析皆適用。

 我們偶爾可能會看到以大寫的希臘字母 theta 評估演算法的時間複雜度，譬如 Θ(N log N)。Θ 符號通常用於分析演算法平均情況。如此表示上限是 O(N log N)，下限是 Ω(N log N)。以數學而言，此稱為緊密界限（*tight bound*），就此呈現出最佳證據，證明演算法的執行時間完全可預測的。

本章總結

本書開頭兩章已介紹演算法諸多範疇，而關於演算法分析，還有更多內容可以學習。筆者列舉的多數範例，描述的演算法行為方面**與其實作方式無關**。20 世紀中葉，研究人員發覺新演算法，當時運算技術的進步極度提升電腦效能（用於執行這些演算法的電腦）。而漸近分析為獨立評估演算法的效能提供基礎框架，進而排除對運算平臺的任何依賴。本章定義數個時間（或儲存空間）複雜度等級，如圖 2-8 所示的視覺化內容，就問題實例的大小解釋演算法的行為。本書會以相關符號呈現這些複雜度等級，快速概括演算法的行為。

挑戰題

1. 評估表 2-5 每段程式的時間複雜度。

   表 2-5　待分析的程式片段

   程式片段 1
   ```
   for i in range(100):
       for j in range(N):
           for k in range(10000):
               ...
   ```

   程式片段 2
   ```
   for i in range(N):
       for j in range(N):
           for k in range(100):
               ...
   ```

```
程式片段 3        for i in range(0,N,2):
                    for j in range(0,N,2):
                        ...
程式片段 4        while N > 1:
                    ...
                    N = N // 2
程式片段 5        for i in range(2,N,3):
                    for j in range(3,N,2):
                        ...
```

2. 使用本章所述的技術對示例 2-6 中 f4 函式傳回的 ct 值建模。

示例 2-6　待分析的示例函式

```
def f4(N):
    ct = 1
    while N >= 2:
        ct = ct + 1
        N = N ** 0.5
    return ct
```

讀者將會察覺本章所用的模型並不準確。因而，根據 $a \times \log(\log(N))$（以 2 為底）開發一個模型。產生多達 $N = 2^{50}$ 的表格，內容涵蓋與該模型相較的實際結果。具有此行為的演算法將歸為 $O(\log(\log(N)))$ 等級。

3. 對某個串列排序的方法是產生所有內容值的各種排列組合，搜尋這些組合，直到你找出完整排序的那一組，如示例 2-7 所示。

示例 2-7　串列內容排列組合的產生程式

```
from itertools import permutations
from scipy.special import factorial

def factorial_model(n, a):
    return a*factorial(n)

def check_sorted(a):
    for i, val in enumerate(a):
        if i > 0 and val < a[i-1]:
            return False
    return True

def permutation_sort(A):
    for attempt in permutations(A):
```

```
if check_sorted(attempt):
    A[:] = attempt[:]           # 將結果複製回 A 中
    return
```

針對多達 12 個元素的最差情況（即內容值按降序排列）問題實例使用 `permutation_sort()` 排序，產生結果表格。使用 `factorial_model()` 曲線配適初步結果，確認模型於預測執行時間的準確度。基於這些結果，對於大小為 20 的最差情況問題實例，其執行時間的估計值（單位：年）為何？

4. 針對從 2^5 到 2^{21} 範圍內的 N 值，就 50,000 個二元陣列搜尋隨機試驗，產生實證內容。每個試驗應使用 `random.sample()`，隨機選擇 N 個值（範圍 0 .. 4N），依內容排序放置。隨後每個試驗應搜尋相同範圍內某個隨機目標值。

以本章之前概述的結果，使用 `curve_fit()` 開發一個 log N 的模型，並對特定 N 值（範圍從 2^5 到 2^{12}）所對應的執行時間進行建模。找出行為趨於穩定之際的問題實例大小閾值。建立資料視覺圖，確認計算模型是否針對實證資料準確建模。

5. 我們通常聚焦於時間複雜度，不過考量示例 2-8 的排序演算法：

   示例 2-8　反覆移除串列中最大值的排序程式

```
def max_sort(A):
  result = []
  while len(A) > 1:
    index_max = max(range(len(A)), key=A.__getitem__)
    result.insert(0, A[index_max])
    A = list(A[:index_max]) + list(A[index_max+1:])
  return A + result
```

   使用本章概述的結果，評估 `max_sort` 的儲存空間複雜度。

6. 銀河演算法（*galactic algorithm*），於問題實例大小「足夠大」時，其時間複雜度優於任何已知演算法。例如 David Harvey 與 Joris Van Der Hoeven 的 N 位數乘法演算法（2020 年 11 月發表）當 N 大於 2^Z 時（其中 Z 為 1729^{12}），則具有 O(N log N) 的執行時間效能；這個指數 Z 已經是天文數字，約為 7×10^{38}。此時考量將 2 的冪次提高到這個極大數值！針對其他銀河演算法進行研究。雖然這些演算法並不實用，不過確實帶來希望，可就某些實際具有挑戰性的問題取得突破。

7. 表 2-1 有三列資料，針對三個不同大小的資料所做的效能測量。若你只有兩列效能測量資料，是否可以預測二次時間演算法的效能？通常，若你有 K 列效能測量資料，則模型中能夠有效率使用的最高次多項式為何？

## 第三章

用好雜湊過好生活

你將於本章學到：

- 如何將 (鍵 , 值) 組儲存於符號表中，以鍵檢索對應值[1]。

- 為求有效率的搜尋而如何使用陣列儲存 (鍵 , 值) 組 (在陣列的大小遠多於待存組數的情況下)。

- 如何使用鏈結串列儲存 (鍵 , 值) 組以額外支援移除某鍵的功能。

- 為了維持效率而如何調整符號表的大小。

- 若作業行為因連續叫用而有變化，則以**均攤分析**決定平均效能。

- 如何以**幾何的大小調整**降低（高成本的）調整大小作業的頻率，如此表示 put( ) 的均攤效能為 O(1)。

- 運算的**雜湊函式**如何將鍵值均勻分佈，以確保符號表實作效率。

值與鍵的關聯

僅將值儲存起來並不足夠，往往我們可能更需要儲存 (鍵 , 值) 組的集合，將值與特定鍵（key）相連組合。此稱為**符號表**（*symbol table*）資料型別，以特定的鍵即可找出關聯值。雜湊（hashing）是有效率的方法，免於從頭到尾徒手搜尋集合，只為了找出一對 (鍵 , 值)。雜湊的效能優於筆者前述的搜尋演算法。甚至允許移除鍵（及其值）的情況

1　本章以 (鍵 , 值) 表示方式將一對資訊視為一個單元。

下，符號表也是有效率的。沒有按特定順序（譬如升序）檢索所有鍵的功能，不過其中所產生的符號表，為檢索或儲存（與各別鍵相關的）值，能有最佳效能。

假設我們要寫個 print_month(month, year) 函式，印出任意年月的日曆。譬如 print_month('February', 2024) 將輸出下列內容：

```
    February 2024
 Su Mo Tu We Th Fr Sa
              1  2  3
  4  5  6  7  8  9 10
 11 12 13 14 15 16 17
 18 19 20 21 22 23 24
 25 26 27 28 29
```

就此需要哪些資訊？我們需要知道該年該月的第一天是星期幾（上述例子為星期四），還需要了解一般 2 月有 28 天（閏年──譬如 2024 年──2 月則有 29 天）。我們可以使用固定大小的陣列 month_length，其內容值記錄該年中每月天數（長度）：

```
month_length = [ 31, 28, 31, 30, 31, 30, 31, 31, 30, 31, 30, 31]
```

1 月──第一個月──有 31 天，所以 month_length[0] = 31。下一個月是 2 月，有 28 天，因此串列中下個項目值為 28。因為 12 月是一年中最後一個月，有 31 天，所以 month_length 的最後一項值為 31。

基於本書目前為止介紹的內容，我們可以選擇用相同陣列大小的 key_array 儲存月份名稱，而在其中搜尋該月份索引位置，以此找出 month_length 中對應的值；下列程式將印出 February has 28 days（2 月有 28 天）：

```
key_array    = [ 'January', 'February', 'March', 'April', 'May', 'June', 'July',
                 'August', 'September', 'October', 'November', 'December' ]

idx = key_array.index('February')
print('February has', month_length[idx], 'days')
```

雖然上述的程式片段可以運作，不過最差情況下，我們待尋的鍵是串列中最後一個鍵（12 月）或無作用的檢索名稱，如此表示我們必須檢查陣列的所有內容值。這意味著就某鍵搜尋相關值的時間與儲存的鍵數成正比。若有數十萬對（鍵,值），此方法立即變得毫無效率，難以運用。基於這個起因，我們應該試著實作 print_month()，示例 3-1 記錄筆者的相關實作，其中使用 Python 模組 datetime、calendar。

示例 3-1　印出指定年月的（清楚易讀的）日曆程式

```
from datetime import date
import calendar

def print_month(month, year):
  idx = key_array.index(month)              ❶
  day = 1

  wd = date(year,idx + 1,day).weekday()      ❷
  wd = (wd + 1) % 7                          ❸
  end = month_length[idx]                    ❹
  if calendar.isleap(year) and idx == 1:     ❺
    end += 1

  print('{} {}'.format(month,year).center(20))
  print('Su Mo Tu We Th Fr Sa')
  print('   ' * wd, end='')                  ❻
  while day <= end:
    print('{:2d} '.format(day), end='')
    wd = (wd + 1) % 7                         ❼
    day += 1
    if wd == 0: print()                      ❽
  print()
```

❶ 找出供 month_length 使用的索引，此為整數（範圍 0 ～ 11）。

❷ 就指定月份傳回該月第一天的星期號碼，以 0 表示星期一。注意：date() 採用 idx + 1，原因是傳入該函式的月份引數，其範圍必須是 1 ～ 12 的整數。

❸ 調整內容，以 0 表示星期日（而非指星期一）。

❹ 找出輸入參數相符月份的天數（長度）。

❺ 閏年的 2 月（若月份索引從 0 開始計數，則該索引為 1）有 29 天。

❻ 第一周加適量空格，可讓第一天開始往右縮排對齊。

❼ 為隔日加計天數與星期號碼。

❽ 若為星期日，則在其之前先換行輸出。

內有 N 對 (鍵 , 值) 的集合中，基於特定鍵找出關聯值的工作來說，我們會以存取任意陣列索引的次數計數，評斷其中的效率。搜尋 key_array 裡面字串的函式，最多會檢查 N 個陣列索引位置，因此該函式的效能為 O(N)。

Python 內建 list（串列）資料結構（而非陣列）。雖然串列的大小可動態增加，因為本章並無利用到該功能，所以筆者仍舊以陣列一詞稱之。

Python 內建 dict 型別，此為 *dictionary*（**字典**）的縮寫，其將值與鍵相關聯。下列的 days_in_month 是 dict，主要將整數值（表示該月份天數）與字串鍵（開頭字母大寫的月份名稱）相關聯：

```
days_in_month = { 'January'  : 31,  'February'  : 28,  'March'     : 31,
                  'April'    : 30,  'May'       : 31,  'June'      : 30,
                  'July'     : 31,  'August'    : 31,  'September' : 30,
                  'October'  : 31,  'November'  : 30,  'December'  : 31 }
```

下列程式印出 April has 30 days（4 月有 30 天）：

```
print('April has', days_in_month['April'], 'days')
```

dict 型別以 O(1) 的平均效能確定鍵的所在，與其所儲存的 (鍵 , 值) 組數無關。此為非凡的表現，就像魔術師從帽中抓出兔子一般！第 8 章將論述更多 dict 細節。目前先說明實際運作方式，下列程式呈現其發生過程的數學直覺內容。主要概念是將字串轉成數值。

試著將字母 'a' 當作數值 0、'b' 當作 1，依此類推，直到 'z' = 25。依此，將 'June' 視為以 26 為底的數值（即二十六進位的數值），此值改以 10 為基底則表示成數值 $j \times 17{,}576 + u \times 676 + n \times 26 + e = 172{,}046$（即十進位的數值）[2]。該運算式也可以寫成 $26 \times (26 \times (26 \times j + u) + n) + e$，如此對應示例 3-2 所示的 base26() 方法結構。

示例 *3-2　將單字轉成整數*（假設以 *26 為底*）

```
def base26(w):
  val = 0
  for ch in w.lower():            ❶
    next_digit = ord(ch) - ord('a')  ❷
    val = 26*val + next_digit     ❸
  return val
```

❶ 將所有字元轉成小寫。

❷ 計算下一位數的數值。

❸ 累計總和後將結果傳回。

2　注意：$26^3 = 17{,}576$。

base26() 使用 ord() 函式將單一字元（譬如：'a'）轉成對應的 ASCII 表示碼（整數）[3]。ASCII 碼按字母順序排序，所以 ord('a') = 97、ord('e') = 101、ord('z') = 122。若要找出與 'e' 關聯的值，只需計算 ord('e') – ord('a') 的結果，即可確定 'e' 代表數值 4。

若計算字串的 base26() 值，結果數值將迅速成長：'June' 的計算結果為 172,046，而 'January' 的結果是 2,786,534,658。

如何將這些數值縮減至易於管理的大小？讀者可能知曉多數程式語言有模數（*modulo*）運算子 %。將大整數（即 base26(month) 的運算結果）以該運算子除以相當小的整數，會傳回此除法結果的餘數（整數）。

 讀者可能在未知的情況下已實際用過模數。例如，若目前時間是 11:00 a.m.，則 50 小時之後是幾點？可以得知，在過 24 小時後，時間再度為 11:00 a.m.（隔天），而 48 小時之後，時間再次是 11:00 a.m.（後天）。僅剩下兩個小時需要計量，如此表示，50 小時過後的時間是 1:00 p.m.。就數學而言，50 % 24 = 2。換句話說，50 無法被 24 整除，除法結果將剩下 2。若 N、M 為正整數，N % M 的結果必定是範圍 0 ～ (M – 1) 的整數。

藉由某個實證發現，base26(m) % 34 為十二個月份英文名稱各自計算出不同的整數；例如 base26('August') 的結果是 9,258,983，其中可得知 9,258,983 % 34 = 1。若我們建立內含 34 個值的單一陣列（如圖 3-1 所示），則將與（鍵，值）組數無關，可計算月份與 day_array 關聯的索引而得知該月的天數。如此表示 8 月有 31 天；對於 2 月的運算則顯示 28 天。

花點時間思量上述的內容。此時，我們無須疊代搜尋陣列某個鍵，而是**就鍵本身**執行簡單運算，算出內含其關聯值的索引位置。運算執行時間**與現存的鍵數無關**。此結果乃向前邁進一大步！

3　ASCII 當初以英文字母表為基礎，將 128 個字元（大多為打字機鍵盤上找得到的內容）以七位元整數編碼。大寫字母為重（排前面）！例如 ord('A') = 65，而 ord('a') = 97。

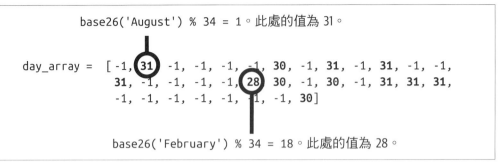

圖 3-1　內有月份天數的陣列（其中穿插著非必要的 -1 值）

然而此為繁重的工作。我們必須 (a) 制定特殊式子計算獨特索引位置；(b) 建立內含 34 個整數的陣列，其中只有 12 個是相關聯的值（表示有一半以上的內容值是多餘的）。此範例的 N 值為 12，專用的儲存量 M 值為 34。

給定任一字串 s，若 day_array 索引位置 base26(s) % 34 的關聯值為 −1，則表示 s 是無作用的檢索名稱。此為不錯的特徵。每當 day_array[base26(s) %34] > 0，你可能會認為給定字串 s 為有效的月份名稱，不過如此是錯誤的認知。例如，字串 'abbreviated' 與 'March' 兩者算出來的索引位置相同，因此你可能會錯誤的表示 'abbreviated' 是有效的月份名稱！這是不好的特徵，不過筆者將說明如何克服這個問題。

雜湊函式與雜湊值

base26() 是雜湊函式（*hash function*）的示例，其將任意大小的鍵對應固定長度的雜湊值（*hash code*）——諸如 32 位元、64 位元的整數。其中 32 位元整數值的範圍是從 −2,147,483,648 到 2,147,483,647，而 64 位元整數值的範圍是從 −9,223,372,036,854,775,808 到 9,223,372,036,854,775,807。如此表示，雜湊值可能為負數。

數十年來，始終都有數學家研究雜湊，開發運算內容，將結構化資料轉換成固定長度的整數。如今的程式設計師可利用這些研究的貢獻，大多數程式語言皆有內建支援，針對任何資料計算雜湊值。Python 有針對不可變物件（immutable object）提供 hash() 方法。

雜湊函式唯一的必要特性,是彼此相等的兩個物件必須算得出相同的雜湊值;此值並非只是亂數(random number 或稱作隨機數)。對不可變物件(如字串)做雜湊,通常會儲存已算出的雜湊值,以降低整體運算量。

雜湊函式不必針對每個鍵產生獨一無二的雜湊值;這樣做會是巨大的運算挑戰(然而可參閱本章尾聲的〈完美雜湊〉一節)。改以運算式 hash(key) % M 代替,其中使用模數運算,計算結果保證為 0 到(M – 1)範圍的整數值。

表 3-1 列出數個字串鍵的 64 位元 hash() 值以及對應雜湊值的模數運算式結果。以數學而論,兩個鍵有完全相同 hash() 值的機率相當低 [4]。表中有兩個潛在的雜湊衝突(collision 或稱作碰撞):*smell*、*rose* 兩者的雜湊值均為 6,而 *name*、*would* 兩者的雜湊值皆為 10。兩個不同的字串可能具有完全相同的雜湊值,你應該不會感到意外。

表 3-1 hash() 以及雜湊值運算式範例(長度為 15 的表格)

key	hash(key)	hash(key) % 15
a	−7,995,026,502,214,370,901	9
rose	−3,472,549,068,324,789,234	6
by	−6,858,448,964,350,309,867	8
any	2,052,802,038,296,058,508	13
other	4,741,009,700,354,549,189	14
name	−7,640,325,309,337,162,460	10
would	274,614,957,872,931,580	10
smell	7,616,223,937,239,278,946	6
as	−7,478,160,235,253,182,488	12
sweet	8,704,203,633,020,415,510	0

若使用 hash(key) % M 計算 key 的雜湊值,則為了配置空間儲存所有關聯值,M 必須至少與預期的鍵數一樣大 [5]。

---

4 用 Java 計算 32 位元雜湊函式值,有時兩個字串鍵有完全相同的 hash() 值;例如,*misused*、*horsemints* 兩者的雜湊值都是 1,069,518,484。

5 Java 的 hash(key) 若為負數,則 % 運算子將傳回負數,因此算式必須是 (key.hashCode() & 0x7fffffff) % M,在與 M 做模數運算之前,先將負的 hash() 值轉成正整數。

目前的 Java 與 Python 2 會為字串產生可預測的雜湊值。Python 3 的 hash()，在預設情況下，字串的雜湊值是以不可預測的亂數「加鹽」（salt）處理。雖然在個別的 Python 執行程序裡這些內容維持不變，不過就網路安全標準，Python 的反覆叫用間，這些為不可預測的內容。具體而言，若駭客可以產生某些鍵，用這些鍵製造某些特定的雜湊值（因而有違鍵的均勻分佈），則本章提及的雜湊表（hashtable）效能將降級至 O(N)，也將招致阻斷服務攻擊（denial-of-service attack）[6]。

(鍵 , 值) 組的雜湊表結構

下列 Entry 結構儲存一對 (鍵 , 值)：

```
class Entry:
  def __init__(self, k, v):
    self.key = k
    self.value = v
```

示例 3-3 定義 Hashtable 類別，之中將建構 table 陣列，該陣列最多可儲存 M 個 Entry 物件。陣列中每個索引位置（共 M 個）稱為桶（*bucket*）。對於首次的試作，桶內不是空的就是含有單一 Entry 物件。

示例 3-3　低效率的雜湊表實作

```
class Hashtable:
  def __init__(self, M=10):
    self.table = [None] * M        ❶
    self.M = M

  def get(self, k):                ❷
    hc = hash(k) % self.M
    return self.table[hc].value if self.table[hc] else None

  def put(self, k, v):             ❸
    hc = hash(k) % self.M
    entry = self.table[hc]
    if entry:
      if entry.key == k:
        entry.value = v
      else:                        ❹
        raise RuntimeError('Key Collision: {} and {}'.format(k, entry.key))
```

6　參閱 *https://oreil.ly/C4V0W* 以了解更多相關內容，另外也可試做本章末尾的挑戰題。

```
        else:
            self.table[hc] = Entry(k, v)
```

❶ 配置 table 用於容納 M 個 Entry 物件。

❷ get() 函式就 k 鍵，找出與其雜湊值有關聯的 entry，若有找到的話，將該 entry 裡的值傳回。

❸ put() 函式就 k 鍵找出與雜湊值有關聯的 entry，若有找到的話，更改該 entry 裡的值（改為 v 值）；否則，以 k、v 建構新的 Entry 物件。

❹ 若兩個不同的鍵對應到同一個桶（以鍵各自的雜湊值區別桶），則表示衝突（碰撞）發生。

我們可以使用下列的雜湊表：

```
table = Hashtable(1000)
table.put('April', 30)
table.put('May', 31)
table.put('September', 30)

print(table.get('August'))      # miss：應該印出 None（不存在）
print(table.get('September'))   # hit：應該印出 30
```

若一切運作順利，則對於陣列（空間可容納 1,000 個物件）中的三對 (鍵 , 值) 資料，將相應建立三個 Entry 物件。put()、get() 的效能將與陣列中的 Entry 物件個數無關，所以可將每個動作視為常數時間的效能等級（O(1)）。

若 get(key) 無法在桶（以 key 的雜湊值區別的桶）中找到 Entry，則表示發生 *miss* 情況。而 get(key) 找到 Entry（其鍵與 key 相符），將發生 *hit* 情況。這些皆為正常行為。然而，若有兩個（或多個）鍵的雜湊值算得結果屬同一個桶，則依然沒有解決衝突的策略。若衝突不解，則 put() 可能會將不同鍵的現有 Entry 換掉，使得 Hashtable 少掉某些鍵——因此必須避免發生這種情況。

以線性探測察覺與解決衝突

兩個項目 e1 = (key1, val1)、e2 = (key2, val2) 可能會因各自的鍵共用相同雜湊值（即使 key1、key2 兩者並不一樣，也可能發生）。表 3-1 的 'name'、'would' 兩者具有相同的雜湊值 10。假設 e1 先放到 Hashtable 中。隨後試圖將 e2 放在同一個 Hashtable 中，將遇到雜湊衝突的情況：這是因為該特定桶不是空的，其內有個 Entry 物件（鍵為 key1），此物件所屬的鍵不是 key2，key2 是 e2 的鍵。若我們不能解決這些衝突，則無法將 e1、e2 儲存於同一個 Hashtable 中。

若 put() 遇到衝突，可用開放定址（*open addressing*）解決雜湊衝突，藉由探測（*probing*）或搜尋 table 中另選的位置因應。常用的方法是線性探測（*linear probing*），若雜湊值所指定的桶含有不同的項目，則 put() 將以遞增方式檢查 table 中較高的索引位置，以取得下一個可用的空桶；若到了陣列尾端還是找不到空桶，則 put() 將接續從索引位置 0 開始搜尋 table。因為我們始終會確保有一個空桶，所以這個搜尋保證成功；嘗試將某項目 put 到最後一個剩餘空桶中，並不會成功，此為執行期錯誤，表示雜湊表已滿。

讀者可能想問，為什麼這種方法會奏效。由於可將項目插入異於 hash(key) 的索引位置，而之後要如何找到這些項目？首先，我們可以發現永遠不會有項目從 Hashtable 中被移除，只有插入作業。其次，隨著越來越多的 Entry 物件被插入 table 結構的桶中，table 中出現長段的非空桶。e1 這個 Entry，此時可能位於不同的位置，從 hash(e1.key) 往右搜尋，直到找到下一個空桶（有必要可做環繞搜尋）。

接著舉例說明衝突的解法，就此將五個項目加入 Hashtable，圖 3-2 中有 M = 7 個桶（僅顯示各自的鍵）。淺灰色桶表示空桶。因為 20 % 7 = 6，所以鍵 20 被插入 table[6]；同樣的，15 被放到 table[1]，而將 5 插入 table[5] 中。

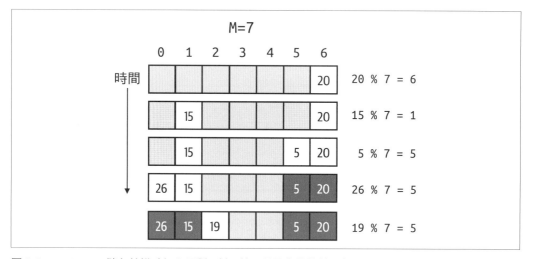

圖 3-2　Hashtable 儲存結構（加入五對 (鍵 , 值) 項目之後的結果）

將鍵 26 的項目加入會導致衝突，原因是 table[5] 已經被占用（被鍵 5 的項目所占用，如圖 3-2 深灰色桶所示），所以往下一個位置做線性探測，檢查 table[6]，這也是不能使用的桶，最後該項目被放在下一個可用的桶中，即 table[0]（因為開放定址會環繞搜

尋下一個可用的空索引位置）。同樣的，將鍵 19 的項目加入，會與每個非空桶發生衝突，此項目最終被放在 table[2] 中。

以圖 3-2 現有的 Hashtable 而論，我們（因為只需保留一個空桶）可以在該表中再 put 一個項目。鍵 44 的項目將擺在何處？該鍵的雜湊值為 44 % 7 = 2，此處已被占用；搜尋下一個可用的桶，結果將此項目放在 table[3]。因為 get()、put() 使用相同的搜尋策略，所以叫用 get(44)，最終將能找到此項目。

開放定址的 Hashtable 中雜湊值 hc 的項目鏈（*chain*）是 table 中連續 Entry 物件的序列。此序列從給定的 table[hc] 開始，向右擴展（有需要可接續至 table 的第一個索引進行環繞搜尋），到下一個可用的（無內容的）table 索引位置為止（不包含此位置）。圖 3-2 中，雜湊值 5 的鏈長度為 5（儘管只有三個項目的鍵有對應的雜湊值，也是如此）。此外，沒有雜湊值為 2 的鍵，不過因為之前的衝突，雜湊值 2 的鏈長度為 1。任何鏈的最大長度為 M – 1（原因是始終保留一個空桶）。

示例 3-4 為 Hashtable 支援開放定址的修改版；Entry 類別沒有變動。Hashtable 多個執行計數 N，表示其儲存的項目數，因此能夠確保至少有個空桶（當然並不需要記錄空桶的所在位置！）。如此可以確保 get()、put() 函式的 while 迴圈最終會結束運作，這是非常重要的。

示例 3-4　*Hashtable 的開放定址實作*

```
class Hashtable:
  def __init__(self, M=10):
    self.table = [None] * M
    self.M = M
    self.N = 0

  def get(self, k):
    hc = hash(k) % self.M              ❶
    while self.table[hc]:
      if self.table[hc].key == k:      ❷
        return self.table[hc].value
      hc = (hc + 1) % self.M           ❸
    return None                        ❹

  def put(self, k, v):
    hc = hash(k) % self.M              ❶
    while self.table[hc]:
      if self.table[hc].key == k:      ❺
```

```
        self.table[hc].value = v
        return
    hc = (hc + 1) % self.M          ❸

if self.N >= self.M - 1:            ❻
    raise RuntimeError ('Table is Full.')

self.table[hc] = Entry(k, v)        ❼
self.N += 1
```

❶ 開始搜尋第一桶，其中放的是 k 鍵的項目。

❷ 若有找到該項目，則傳回與 k 相關聯的值。

❸ 否則，搜尋下一個桶，有必要則接續位置 0 做環繞搜尋。

❹ 若 table[hc] 為空，則表示 k 不在 table 中。

❺ 若找到，則更新與 k 的 Entry 相關聯的值。

❻ 一旦確定 k 不在 table 中，若 hc 是僅剩的一個空桶，則引發 RuntimeError 例外。

❼ 在 table[hc] 中新建 Entry，更新累計的鍵數 N。

基於此新機制，get()、put() 的效能為何？執行這些作業的時間與 Hashtable 中的鍵數 N 無關嗎？不！

伸縮自如的鏈結串列

最常用的動態資料結構是鏈結串列（*linked list*）。陣列需要配置連續的記憶區塊，鏈結串列不用如此為之，而是將資料儲存於節點（*node*）的記憶體片段中（將各個節點鏈結），而程式設計師可以從 first 所指的節點開始，依循節點的 next 鏈結（*link*）或參考（*reference*）到串列中接連的節點，進而搜尋需求目標。

下列鏈結串列有三個節點，每個節點儲存不同值。每個節點都有個 next 參考（以箭頭表示）指到串列的下一個節點。串列最後一個節點的 next 參考為 None。

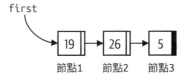

鏈結串列的長度取決於能遇到的節點數量：從 first 所指的節點開始，以 next 遍歷每個後續節點，到其值是 None 為止。節點是動態配置的記憶體。就物件導向語言而言，節點是物件。若將鏈結串列的節點移除，Java、Python 皆以記憶體自動管理機制回收該記憶空間，而對於其他程式語言來說，可能需要程式設計師在移除鏈結串列的節點之際，手動釋放對應的記憶空間。

加首值（*prepending a value*）

能以常數時間在串列開頭加首值，即建立新節點 Node0，將該值存於該節點中，並將 Node0 的 next 參考設為 Node1；接著將 first 指到 Node0。

附加值（*appending a value*）

若保有指向串列最後一個節點的參考（last），則能以常數時間在串列尾端附加值，即建立新節點 Node4 儲存該值；以及將 last 的 next 參考指向 Node4，隨後將 last 設為 Node4。

插入值（*inserting a value*）

可以在現有節點 p 之後插入值，即建立新節點 q 儲存此值，以及將 q.next 設為 p.next，接著 p.next = q。

刪除值（*deleting a value*）

可以刪除鏈結串列的值，即找出串列中存放該值的節點所在，對應調整串列節點的 next 參考，若該值位於串列的第一個節點，則需特別處置。

考量最差情況會發生的情境。針對空的 Hashtable，加入一個項目，假設將該項放在 table[0]。若接下來 N − 1 個項目逐一增加的需求中，每個項目皆與 table 儲存的現有鍵發生衝突，則該怎麼辦？要搜尋的桶數總共是多少？針對第一個需求，桶數為 1；對於第二個請求則為 2、第三個請求的結果是 3。依此類推，對於第 k 個需求，將要檢查 k 桶。因此，全部的桶數為 1 + 2 + ... + (N − 1) 的總和，該式子與簡式 N × (N − 1)/2 的結果相等。平均值則為此總量除以 N，以整理後的式子表示則為 (N − 1)/2。

 根據第 2 章提到的內容，我們可以如下所述將 (N − 1)/2 歸為 O(N) 等級：首先，該式子可以寫成 N/2 − ½。隨著問題實例大小的增加，優勢影響項為 N/2 項。最差情況下，要搜尋的平均桶數與 N 成正比（本例是 N 的一半）。

上述呈現的是，**最差情況**下，需檢查的平均桶數是 O(N)。筆者使用演算法分析估計桶數（而非效能時間或作業數），原因是 get()、put() 的執行時間與要檢查的桶數有直接關聯。

如此是個僵局。我們可以將 table 的大小 M 值擴增配置，讓空間遠大於要插入的鍵數 N，可減少衝突數與總執行時間。不過，若我們沒有適當規劃——即，倘若 N 越來越接近 M——則可能很快就會碰到糟糕的效能表現；更差的是，table 可能會被填滿，如此的儲存內容將超過 M-1 個項目。表 3-2 是將 N（32 ～ 16,384）個項目插入 Hashtable（大小為 M）的效能比較，其中以開放定址解決衝突。其中可觀測到下列的內容：

- 對於小 N 值（譬如 32）而言，不管 Hashtable 的大小 M 為何，平均成本幾乎一樣（基於該列從左到右的值），原因是 M 比 N 大很多。

- 對於任何大小 M 的 Hashtable，插入 N 個鍵的平均時間，會隨著 N 的增加而增加（基於任何一行從上到下的值）。

- 觀察表中「左上到右下對角線的值」，其時間結果大致相同。換句話說，若我們想要「插入 2×N 個鍵」與「插入 N 個鍵」兩者的平均效能相同，則 Hashtable 的初始大小需要加倍。

表 3-2　將 N 個鍵插入 Hashtable（大小為 M）的平均效能（單位：ms）

	8,192	16,384	32,768	65,536	131,072	262,144	524,288	1,048,576
32	0.048	0.036	0.051	0.027	0.033	0.034	0.032	0.032
64	0.070	0.066	0.054	0.047	0.036	0.035	0.033	0.032
128	0.120	0.092	0.065	0.055	0.040	0.036	0.034	0.032
256	0.221	0.119	0.086	0.053	0.043	0.038	0.035	0.033
512	0.414	0.230	0.130	0.079	0.059	0.044	0.039	0.035
1,024	0.841	0.432	0.233	0.132	0.083	0.058	0.045	0.039
2,048	1.775	0.871	0.444	0.236	0.155	0.089	0.060	0.047
4,096	3.966	1.824	0.887	0.457	0.255	0.144	0.090	0.060
8,192	–	4.266	2.182	0.944	0.517	0.276	0.152	0.095
16,384	–	–	3.864	1.812	0.908	0.484	0.270	0.148

只有可用的儲存空間顯著大於待插入的鍵數，符號表資料型別的運用實作才會有效率。若我們錯估符號表的總鍵數，則效能將會相當低，有時甚至會慢到 100 倍。更糟糕的是，我們尚未把移除符號表中特定鍵的功能加入，所以用途不大。為了克服這些限制，筆者需要介紹鏈結串列資料結構。

分別鏈結的鏈結串列

筆者將修改 Hashtable，以分別鏈結（*separate chaining*）技術儲存鏈結串列陣列。線性探測找尋用於放置項目的空桶，而分別鏈結會儲存鏈結串列陣列，對於每個鏈結串列中的項目，以項目各自的鍵可算得相同雜湊值。這些鏈結串列由 LinkedEntry 節點組成，如示例 3-5 所示。

示例 3-5　*LinkedEntry* 節點結構（支援 (鍵 , 值) 組合的鏈結串列）

```
class LinkedEntry:
  def __init__(self, k, v, rest=None):
    self.key = k
    self.value = v
    self.next = rest        ❶
```

❶ rest 是選擇性參數，可讓新建的節點直接鏈結到 rest 所指的某個現有串列。

更準確的說，table[idx] 指的是某個鏈結串列的第一個 LinkedEntry 節點（串列中各個節點的鍵與 idx 有相同的雜湊值）。為方便論述，在此依然涉及 M 個桶，這些桶可能是空的（此時 table[idx] = None），也可能含有某個鏈結串列中第一個 LinkedEntry 節點。

> 先前就開放定址所述的鏈概念，於鏈結串列中更是清楚可見：鏈結串列的長度就是鏈的長度。

我們沿用 hash(key) % M 計算待插入項目的雜湊值。具有相同雜湊值的所有項目皆放在同一個鏈結串列中。圖 3-3 的 table 陣列有七個桶，因此有七個潛在的鏈結串列；同樣的，此圖僅顯示鍵。

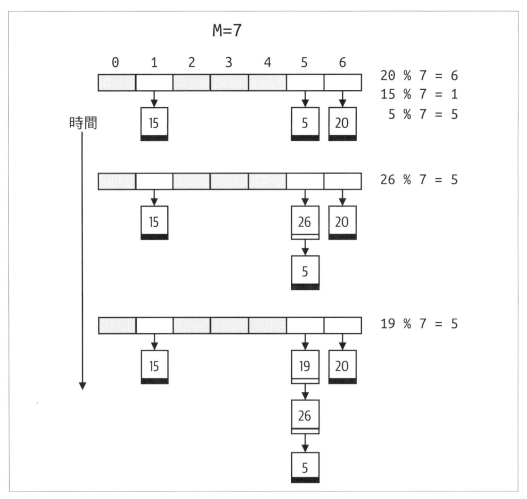

圖 3-3　Hashtable 鏈結串列儲存結構（加入五對 (鍵 , 值) 之後的情況）

圖 3-3 以圖 3-2 所示的相同順序加入每組 (鍵 , 值)：就前三個項目（項目的鍵分別為
20、15、5）建立三個鏈結串列，每個鏈結串列各自對應鍵的雜湊值相關聯的桶。灰色
桶為空桶。新增鍵為 26 的某個項目會引起 table[5] 裡的衝突，因而在此鏈結串列開頭
加入新項目，執行*加首項*（*prepend*）作業，如此將產生內有兩個項目的鏈結串列。若
加入最後一個項目（其鍵為 19），則也會以加首項作業將該項目加入 table[5] 的鏈結串
列開頭，如此將產生內含三個項目的鏈結串列。

請留意加入桶中的最新項目，如何成為該桶的鏈結串列首項。一旦 put() 確定項目的鍵未在該鏈結串列中，只需執行加首項作業，將新的 LinkedEntry 節點加入鏈結串列開頭即可。若項目的 next 參考為 None，則該項目是此鏈結串列的最後一個項目。示例 3-6 為 Hashtable 的修改版本。

示例 3-6　*Hashtable* 的分別鏈結實作

```
class Hashtable:
  def __init__(self, M=10):
    self.table = [None] * M
    self.M = M
    self.N = 0

  def get(self, k):
    hc = hash(k) % self.M        ❶
    entry = self.table[hc]       ❷
    while entry:
      if entry.key == k:         ❸
        return entry.value
      entry = entry.next
    return None

  def put(self, k, v):
    hc = hash(k) % self.M        ❶
    entry = self.table[hc]       ❷
    while entry:
      if entry.key == k:         ❸
        entry.value = v          ❹
        return
      entry = entry.next

    self.table[hc] = LinkedEntry(k, v, self.table[hc])  ❺
    self.N += 1
```

❶ 針對與 k 相關的雜湊值，計算鏈結串列的索引位置 hc。

❷ 從鏈結串列的第一個節點開始處理。

❸ 遍歷各節點的 next 參考，到找出特定項目（項目的 key 與 k 吻合）為止。

❹ 將項目的值以 k 關聯的值取代。

❺ 以新節點（儲存 (k, v)）為首項加入 table[hc] 中，以及計數的變數 N 值加 1。

get()、put() 兩函式的結構幾乎雷同，有個 while 迴圈遍歷鏈結串列中每個 LinkedEntry 節點。從 table[hc] 的第一個 LinkedEntry 開始，while 迴圈對於每個節點只走訪一次，到 entry 是 None 為止，如此表示遍歷過所有節點。只要 entry 不是 None，就檢查 entry.key 屬性，確認是否與 k 值完全符合。就此 get() 會傳回相關的 entry.value，而 put() 會將該值改為 v。兩者於最差情況下，一旦走訪過鏈結串列的所有項目後，while 迴圈會終止作業。若 get() 走訪完鏈結串列而沒有結果，將傳回 None，表示找不到任何項目；put() 會對新項目執行加首項作業（將該項目加到串列開頭），如此意味著此項目原本並不存在。

 put(k, v) 只有在鏈結串列現有項目的鍵皆不是 k（待檢查完畢之後），才會將新項目加入鏈結串列中。

若要評估鏈結串列結構的效能，我們需要計數桶的存取次數以及項目節點的檢查次數。結果是，上述鏈結串列實作與開放定址實作兩者的效能幾乎一模一樣：前者主要的改進之處是，該實作能夠儲存無限數量的項目。然而，本章稍後將論述，若項目數 N 遠大於桶數 M，則效能將大幅下降。另外我們必須考量的是，儲存鏈結串列 next 參考的記憶空間需求是開放位址的兩倍。

移除鏈結串列的項目

鏈結串列鏈錶是萬用的動態資料結構，因為不用受限於固定大小的連續記憶體區塊，所以能夠有效率的伸縮、合併。我們不能將陣列的索引位置移除，卻可以將鏈結串列的節點移除。

接著以三個項目的鏈結串列（鍵的內容如圖 3-4 所示）分兩種情況論述。假設我們要刪除鍵 19 的項目。這是鏈結串列的第一個節點（第一種情況）。若要移除該項目，只需將 first 的值設為 first.next。此時變更後的鏈結串列有兩個項目，從鍵 26 開始。

圖 3-4　將鏈結串列的第一個節點移除

若改為刪除其他 entry 的需求，例如：鍵為 26 的項目（第二種情況），得走訪該串列，如圖 3-5 所示。找到指定鍵的項目為止，但在搜尋過程中，保有指向前個節點的參考 prev。此時將 prev.next 的值設為 entry.next。此需求將剪掉中間節點，產生比原來少一個節點的鏈結串列。注意，若 entry 為鏈結串列的最後一個項目，也得處理上述情況（而該 prev.next 將設為 None）。

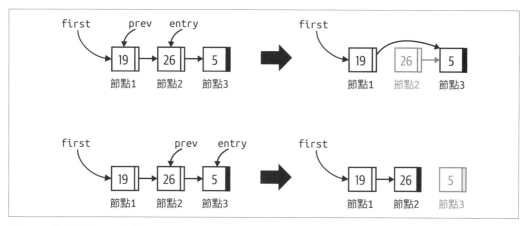

圖 3-5　移除鏈結串列的其他節點

上述兩種情況，皆會把已移除節點的記憶體回收。示例 3-7 為 Hashtable 鏈結串列實作加入 remove(k) 方法，將移除給定鍵關聯的項目（若有的話）。

示例 3-7　*Hashtable 分別鏈結實作的 remove() 函式*

```
def remove(self, k):
  hc = hash(k) % self.M
  entry = self.table[hc]          ❶
  prev = None
  while entry:                    ❷
    if entry.key == k:            ❸
      if prev:
        prev.next = entry.next    ❹
      else:
        self.table[hc] = entry.next  ❺

      self.N -= 1                 ❻
      return entry.value

    prev, entry = entry, entry.next  ❼

  return None
```

❶ self.table[hc] 指的是鏈結串列中與雜湊值 hc 關聯的第一個項目。

❷ 只要此鏈結串列還有項目，就繼續進行疊代作業。

❸ 將目標 k 與 entry 的 key 欄位相比，找出要移除的項目。

❹ 若有 prev 參考，則將鏈結繞過 entry（此為要從串列中移除的項目）。

❺ 若沒有 prev 參考，則 entry 為首項。將 self.table[hc] 的鏈結串列指到此鏈結串列的第二個節點。

❻ 將項目計數變數 N 減一。此函式通常會傳回與被移除項目關聯的值。

❼ 若沒有找到鍵，則將 prev 設為 entry 以及 entry 前進到下一個項目，繼續進行疊代作業。

依照慣例，remove(k) 函式傳回與 k 關聯的值，若找不到 k，則傳回 None。

評估

此時我們有兩個不同的結構，皆以符號表資料型別儲存（鍵,值）資料。鏈結串列結構有額外的優點，允許移除（鍵,值）資料，所以，若我們需要該功能，則必須選擇此結構。然而，若僅是要對符號表加入項目內容，則仍需評估兩種方法的效率。

首先評估 N 對（鍵,值）的儲存空間需求。兩種方法皆建立大小為 M 的陣列，用於保存項目內容。然而，就鏈結串列的方式來說，N 可以依需要而增長；對於開放定址而言，N 必須嚴格限制小於 M，因此我們必須事先決定足夠大的 M 值。table 的記憶空間需求與 M 成正比。

最終，將有 N 個項目被插入符號表中。開放定址的每個 Entry 只儲存一對（鍵,值），而鏈結串列的 LinkedEntry 為每個項目另外儲存一個 next 參考。因為每個參考占用的記憶空間大小固定，所以額外儲存空間與 N 成正比。

- 開放定址的儲存需求與 M、N 兩者成比例，不過由於 N < M，因此可以簡單表示儲存空間為 O(M)。

- 分別鏈結的儲存需求與 M、N 兩者成比例，然而因為 N 值沒有限制，所以儲存空間為 O(M + N)。

若要評估執行時間，則要計數的關鍵作業是項目檢查次數。從最差情況開始論述，即對所有鍵算出的雜湊值皆相同時，就是這樣的情況。鏈結串列實作中，table 陣列有 M − 1

個未用到的索引位置，而單一鏈結串列中含有 N 對（鍵，值）。要搜尋的鍵可能是鏈結串列的最後一個項目，因此在最差情況下，get() 效能與 N 成正比。開放定址的情況雷同：M 長度的陣列中將有 N 個連續項目，而我們要找尋的項目是最後一個。可以確定的是，無論哪種實作，在最差情況下，get() 的效能皆是 O(N)。

如此看似不妥，不過結論是，數學雜湊函式對於鍵的雜湊值分配，做得相當不錯；隨著 M 的增加，衝突的機率也會降低。表 3-3 呈現兩種方法的直接對比，其中將英文字點的 N = 321,129 個單字插入大小為 M 的雜湊表中（其中 M 值的變化從 N/2 到 2 × N）。另外還有下列的結果：M = 20 × N（第一列）、較小的 M 值（最後五列）。

表 3-3 就每對 (M, N) 呈現兩段資訊：

- Hashtable 中每個非空鏈的平均長度。無論採取開放定址或鏈結串列，皆適用此概念。

- Hashtable 中最大鏈的長度。若開放定址的 Hashtable 過於擁擠——或者鏈結串列對於某些雜湊值而過長——則執行時間將會受到影響。

表 3-3　將 N = 321,129 個鍵插入 Hashtable（雜湊表大小 M）的平均效能（基於遞減的 M）

M	鏈結串列		開放定址	
	平均鏈長	最大鏈長	平均鏈長	最大鏈長
6,422,580	1.0	4	1.1	6
...	...	...	...	...
642,258	1.3	6	3.0	44
610,145	1.3	7	3.3	46
579,637	1.3	7	3.6	52
550,655	1.3	7	4.1	85
523,122	1.3	7	4.7	81
496,965	1.4	7	5.4	104
472,116	1.4	7	6.4	102
448,510	1.4	7	7.8	146
426,084	1.4	7	10.1	174
404,779	1.4	7	14.5	207
384,540	1.5	7	22.2	379
365,313	1.5	9	40.2	761
347,047	1.5	9	100.4	1429
329,694	1.6	8	611.1	6735
313,209	1.6	9	Fail	
...	...	...	...	

| | 鏈結串列 | | 開放定址 | |
M	平均鏈長	最大鏈長	平均鏈長	最大鏈長
187,925	2.1	9	Fail	
112,755	3.0	13	Fail	
67,653	4.8	16	Fail	
40,591	7.9	22	Fail	
24,354	13.2	29	Fail	

表中的數值皆隨著 M 的大小減少而增加;原因是較小的 Hashtable 會引起較多的衝突,產生較長的鏈。然而,如此所示,開放定址效率降的速度比較快,尤其是就某些雜湊值而言,其鏈中要檢查的項目擴展至數百個之際。更糟糕的是,一旦 M 小於 N,就不能使用開放定址(表中顯示 Fail 之處)。相較之下,鏈結串列實作的統計結果似乎大多不受此狀況影響。若雜湊表的大小 M 遠大於 N——例如:兩倍大——則平均鏈長相當接近 1,甚至最大鏈長也相當小。然而,**必須事先決定 M 值**,若我們使用開放定址,則一旦 N = M − 1,表示空間用盡。

採用分別鏈結,較有前途。如表 3-3 所示,即使 N 是雜湊表大小 M 的十倍以上,鏈結串列也可以擴大容納所有項目,而 N 越來越接近 M 時,其效能並不會像開放定址那樣受到影響。這可從表 3-3 所示的鏈結串列最大鏈長得知。

這些數值可為制定策略提供資訊,確保初始大小為 M 的雜湊表的效率。可用雜湊表「滿的」程度衡量其效能——其中可透過 N 除以 M 的結果論定。數學家甚至以 *alpha* 一詞表示 N / M 比率;電腦科學家將 *alpha* 稱為雜湊表的負載因子(*load factor*)。

- 分別鏈結的 *alpha* 為**每個鏈結串列中平均鍵數**,此比率可大於 1,僅受限於可用記憶空間。

- 開放定址的 *alpha* 是桶已被占用的百分比率;其最高值為 (M − 1)/M,因此必定小於 1。

歷經多年研究的結果是,一旦負載因子高於 0.75,雜湊表就會越來越沒有效率——換句話說,開放定址的雜湊表,一旦達 ¾ 滿的狀態,就會每況愈下 [7]。儘管分別鏈結的雜湊表,不會以相同的方式「填滿」,不過上述的效率概念依然適用。

---

7 Python 的 `dict` 型別則以 2/3 作為閾值。

圖 3-6 描繪平均鏈長（對應左邊 Y 軸及菱形圖示）與最大鏈長（對應右邊 Y 軸及方形圖示），此為 N = 321,129 個單字插入大小為 M 的 Hashtable 之後的結果（其中 M 值如 X 軸所示）。此圖能夠顯現如何算出合宜的 M 值，確保所需的平均（或最大）鏈長（假設已知待插入的鍵數 N）。

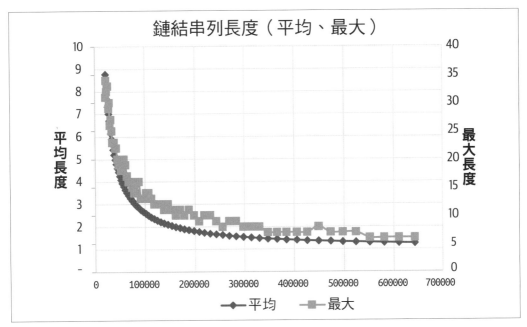

圖 3-6　平均鏈長與最大鏈長的可預測路徑（基於固定的元素個數 N）

若雜湊表只能變大——即增加其 M 值——則負載因子將降低，雜湊表的效率將再度提升。接著增加一些示例內容予以呈現上述結果。

擴充雜湊表

示例 3-8 的 DynamicHashtable 以 0.75 的 load_factor 設定 threshold 目標值。

示例 3-8　*DynamicHashtable* 建立之際予以設定其中的 *load_factor*、*threshold*

```
class DynamicHashtable:
  def __init__(self, M=10):
    self.table = [None] * M
    self.M = M
    self.N = 0
```

```
    self.load_factor = 0.75
    self.threshold = min(M * self.load_factor, M-1) ❶
```

❶ 若 M ≤ 3，確保閾值不能大於 M − 1。

若使用名為**幾何的大小調整**（*geometric resizing*）的大小調整策略，直接將儲存陣列的
大小加倍，會如何？更精確而言，調整陣列大小，將大小加倍後多加 1[8]。一旦（鍵，值）
組數大於或等於 threshold，table 儲存陣列的大小就需要增加，以維持效率。分別鏈結
的 put() 方法修改版，如示例 3-9 所示。

示例 3-9　*put() 方法修改版（採納 resize()）*

```
    def put(self, k, v):
      hc = hash(k) % self.M
      entry = self.table[hc]
      while entry:
        if entry.key == k:
          entry.value = v
          return
        entry = entry.next

      self.table[hc] = LinkedEntry(k, v, self.table[hc]) ❶
      self.N += 1

      if self.N >= self.threshold:                      ❷
        self.resize(2*self.M + 1)                        ❸
```

❶ 將新項目加入 table[hc] 鏈結串列，成為該鏈的首項。

❷ 檢查 N 是否大於或等於大小調整需求的 threshold。

❸ 調整儲存陣列的大小，新陣列的大小為原始大小的兩倍再加一。

多數程式語言中，若我們要增加儲存空間，需要配置新的陣列，然後將原陣列的所有項
複製到新陣列中，如圖 3-7 所示。此圖呈現的是，針對鏈結串列與開放定址陣列，調整
陣列儲存大小之後的結果。

首先我們應該觀測的是，該複製作業所需的時間與 M 成正比——雜湊表儲存陣列的大小
越大，需要複製的元素就越多——因此這個作業可以歸為 O(M) 等級。然而，僅複製項
目實際上將讓原本運作失效，原因是某些項目（例如鍵 19、鍵 26 的項目）**將無法再被
找到**。

8　通常會發現，若 Hashtables 桶數為質數，其表現相當不錯（可參閱本章末尾的挑戰題）；在此的尺寸為
　　奇數，對於效能表現也有助益。

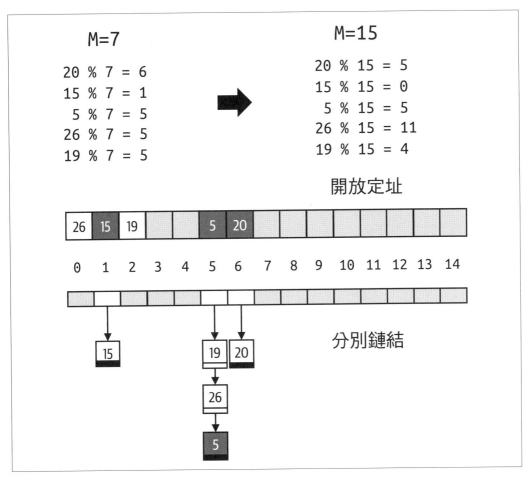

圖 3-7 M 增加時僅複製項目則可能會「遺失」某些項目

若我們要找鍵 19，則其雜湊值已改為 19 % 15 = 4，此值對應兩個結構的桶為空桶，如此表示該雜湊表並不存在鍵 19 的項目。而之前的開放定址 Hashtable（大小為 M = 7），鍵 19 的項目位於桶 2 中（放此位置的原因是，將此項目插入大小為 7 的原陣列時，線性探測會將陣列末端接到陣列開頭做環繞搜尋）。如今新陣列有 15 個元素，此例並不會發生環繞搜尋，因此無法再找到此鍵。

在新陣列依然可找到某些項目，乃純屬巧合，圖 3-7 以深灰色區塊標示這些項目。開放定址中，鍵 20 的項目不在 table[5] 中，不過線性探測時會於 table[6] 找到該項目；同樣的，鍵 15 的項目不在 table[0] 中，但線性探測會在 table[1] 找到此項目。在開放定址、分別鏈結兩結構中都可以找到鍵 5 的項目，原因是針對新舊陣列而言，鍵 5 的雜湊值皆相同。

我們如何避免遺失這些鍵？正確的解法（如示例 3-10 所示）是使用暫存的新 Hashtable，其儲存尺寸是原雜湊表儲存尺寸的兩倍（技術上來說，即：2M + 1），隨後將所有項目重新雜湊處理（*rehash*），放到這個新的 Hashtable 中。換句話說，針對 Hashtable 中的每個 (k, v) 項目，為暫存的新 Hashtable 呼叫 put(k,v)。如此為之可保證依然能找到這些項目。在此，無論是分別鏈結還是開放定址，可採取不錯的程式設計技巧，借用源自 temp 的潛在儲存陣列（按現狀運用）。

示例 *3-10　resize* 方法（針對分別鏈結動態增加雜湊表儲存空間）

```
def resize(self, new_size):
  temp = DynamicHashtable(new_size)        ❶
  for n in self.table:
    while n:
      temp.put(n.key, n.value)             ❷
      n = n.next
  self.table = temp.table                  ❸
  self.M = temp.M                          ❹
  self.threshold = self.load_factor * self.M
```

❶ 以新需求大小建構暫存的 Hashtable。

❷ 針對給定桶的鏈結串列中所有節點，取出每個節點，重新雜湊處理每個項目，將結果存入 temp 中。

❸ 從 temp 抓取儲存陣列，用於所要的需求中。

❹ 確實更新 M、threshold 的內容。

此程式內容與開放定址調整大小所用的程式碼幾乎雷同。目前我們有個動態增加 Hashtable 大小的策略。圖 3-8 涵蓋圖 3-2（開放定址範例）以及圖 3-3 （分別鏈結範例）兩者調整陣列大小後的正確雜湊表。

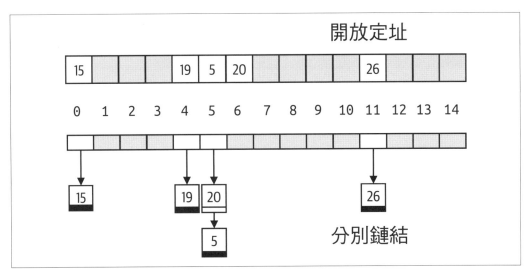

圖 3-8　成功調整大小後的雜湊表儲存結果

大小調整的邏輯表現如何？就此進行一個實驗，以各種 M 值反覆執行 25 次試驗，測量下列項目：

建置時間（*build time*）

　　將 N = 321,129 個鍵加入初始大小 M 的 Hashtable 中所需時間（當 N 超過 threshold 時，M 將加倍）。

存取時間（*access time*）

　　完成所有鍵的插入之後，找到這些單字（總共 N 個）所需的時間。

就分別鏈結與開放定址兩個雜湊表，表 3-4 針對可動態調整大小的雜湊表，比較兩者的建置時間與存取時間（以各種初始大小 M 開始進行，M 初始值範圍：625 ～ 640,000）。此效能表還有顯示初始大小為 M = 428,172 的非增長型雜湊表效能。因為 N = 321,129（即：428,172 × 0.75），所以此項比較是公平的。

表 3-4　大小增長與固定大小的雜湊表效能比較（單位：ms）

M	鏈結串列 建置時間	鏈結串列 存取時間	開放定址 建置時間	開放定址 存取時間
625	0.997	0.132	1.183	0.127
1,250	1.007	0.128	1.181	0.126
2,500	0.999	0.129	1.185	0.133
5,000	0.999	0.128	1.181	0.126
10,000	1.001	0.128	1.184	0.126
20,000	0.993	0.128	1.174	0.126
40,000	0.980	0.128	1.149	0.125
80,000	0.951	0.130	1.140	0.127
160,000	0.903	0.136	1.043	0.126
320,000	0.730	0.132	0.846	0.127
640,000	0.387	0.130	0.404	0.127
...	...	...	...	...
Fixed	0.380	0.130	0.535	0.131

最後一列呈現出理想情況，其中 Hashtable 的負載因子沒有超過 0.75。開放定址需要更多的建置時間，這應該並不意外，原因是桶中的衝突不可避免的影響其他桶，而分別鏈結將所有衝突侷限在同一個桶中。

根據其他列的資訊顯示，存取時間（檢查 321,129 個鍵）基本上差不多，所以我們無須費盡心思預測 M 的初始值該用何者。

動態雜湊表的效能分析

最差情況下，put()、get() 存取 Hashtable 的表現皆為 O(N)。如之前所述，（就分別鏈結與開放定址兩者而言）若每個鍵的雜湊值計算結果完全歸到相同的桶中，則每個作業的完成時間與 N（Hashtable 的鍵數）成正比。

然而，基於普遍認同的簡單均勻雜湊（*simple uniform hashing*）假設，雜湊函式將鍵均勻分布到雜湊表的桶中：每個鍵被置於任一桶中的機率相等。由該假設，數學家已證明每個鏈的平均長度為 N/M。結論是，讀者可以借助高手用 Python 開發的 hash() 函式。

隨著雜湊表增長而始終保持 N < M，因此筆者可以肯定的說，N/M 平均量為常數 O(1)（與 N 無關）。

搜尋結果不是 hit（鍵位於雜湊表中）就是 miss（鍵不在雜湊表中）。開放定址（假設均勻的鍵分布）中，對於 hit 情況，要檢查的桶數平均為 $(1 + 1/(1 - alpha))/2$。若 $alpha = 0.75$，此計算結果為 2.5。對於 miss 情況，對應的結果是 $(1 + 1 / (1 - alpha)^2)/2$。基於相同的假設，算得 8.5。

我們需要考量雜湊表大小調整的額外成本，假設負載因子閾值為 0.75，以幾何的大小調整將潛在儲存的大小加倍。起初，假設 M 是 1,023，N 比 M 大得多：我們將再度使用 321,129 個單字的英文字典。需要計數的是，將每個鍵插入雜湊表的次數（其中包括 `resize` 中暫存的雜湊表）。

加入第 768 個鍵時會觸發第一次調整大小作業（即：768 ≥ 767.25 = 0.75 × 1,023），此時雜湊表增加到 M = 1,023 × 2 + 1（即：2,047）。調整大小期間，768 個鍵會被重新雜湊處理並插入。注意，調整大小之後，負載因子立即減半至 768/2047（約為 0.375）。

插入額外 768 個鍵時，全部 1,536 個鍵將被重新雜湊處理，置於大小為 M = 2,047 × 2 + 1（即：4,095）的新雜湊表中。插入額外 1,536 個鍵時，雜湊表將進入第三次調整大小作業，如此能夠將現有的 3,072 個鍵插入大小為 M = 8,191 的雜湊表中。

為了明白這些數值意義，表 3-5 顯示插入第 N 個單字之際調整大小的情況，以及任何鍵插入雜湊表的累計總次數。調整大小作業期間，最後一行顯示平均插入次數（插入總數除以 N）收斂到 3。儘管調整大小時會強制以幾何的大小調整策略重新插入每個鍵，不過此表格顯示，相較於未調整大小的情況，所需的插入次數未曾超過三倍。

表 3-5　增加單字觸發調整大小事件（附有插入總數與單字平均插入次數）

單字	M	N	# 插入	平均
absinths	1,023	768	1,536	2.00
accumulatively	2,047	1,536	3,840	2.50
addressful	4,095	3,072	8,448	2.75
aladinist	8,191	6,144	17,664	2.88
anthoid	16,383	12,288	36,096	2.94
basirhinal	32,767	24,576	72,960	2.97
cincinnatian	65,535	49,152	146,688	2.98
flabella	131,071	98,304	294,144	2.99
peps	262,143	196,608	589,056	3.00
…	…	…	…	…
zyzzyvas	524,287	321,129	713,577	2.22

主要的觀測結果是：幾何的大小調整可確保，隨著表大小的成長，調整大小事件發生頻率顯著降低。表 3-5 中，把最後一個單字插入雜湊表之後——不會觸發調整大小事件——平均值下降到 2.22，加入額外的 72,087 個鍵之前，不需要再次調整大小。如表所示，相較起初（加入 768 個鍵後觸發調整大小之際），這個頻率幾乎少 100 倍。

最後分析結果是，將所有 321,129 個項目插入（動態調整大小的）雜湊表中，其平均成本相較未調整大小的雜湊表（以某種方式大到足以儲存全部 N 個鍵）不超過三倍。正如第 2 章所述，此僅是乘常數差別，不會改變 put() 平均情況的效能等級：即使因調整大小而需要額外作業，結果依然是 O(1)。

完美雜湊

若我們事先知道 N 個鍵的集合，則可以使用完美雜湊（*perfect hashing*）技術建構最佳雜湊表，其中每個鍵的雜湊值是獨一無二的索引位置。完美雜湊產生的 *Python* 程式碼包含要運用的雜湊函式。這是意想不到的結果，對於許多程式語言來說，都有完美雜湊。

若我們安裝第三方 Python 函式庫 perfect-hash，其可就輸入檔案（內含所需鍵）產生 perfect_hash() 函式[9]。示例 3-11 依字詞「a rose by any other name would smell as sweet」（玫瑰換個名字還是一樣香）產生雜湊值內容。

示例 *3-11*　完美雜湊表（針對莎士比亞作品的十個單字）

```
G = [0, 8, 1, 4, 7, 10, 2, 0, 9, 11, 1, 5]

S1 = [9, 4, 8, 6, 6]
S2 = [2, 10, 6, 3, 5]

def hash_f(key, T):
  return sum(T[i % 5] * ord(c) for i, c in enumerate(key)) % 12

def perfect_hash(key):
  return (G[hash_f(key, S1)] + G[hash_f(key, S2)]) % 12
```

9　Python pip 安裝程式的使用方法如下：pip install perfect-hash。

Python 內建函式 enumerate() 可針對串列的疊代走訪方式有所改進（協助額外需要位置資訊者）。

```
>>> for i,v in enumerate(['g', 't', 'h']):
        print(i,v)
0 g
1 t
2 h
```

enumerate() 疊代遍歷集合中每個值，加以傳回索引位置。

回顧圖 3-1 看看如何定義 day_array 串列，支援 base26() 雜湊函式處理 12 個月的資訊？完美雜湊以較簡明的方式做相同的事，處理 N 個字串，建立 G、S1、S2 串列以及支援的 hash_f() 函式。

若要計算字串 'a' 的索引位置，需要兩個中間結果；之前提過 ord('a') = 97：

- hash_f('a', S1) = sum([S1[0]×97]) % 12。因為 S1[0] = 9，所以此為數值 (9×97) % $12 = 873$ % $12 = 9$。

- hash_f('a', S2) = sum([S2[0]×97]) % 12。因為 S2[0] = 2，所以此為數值 (2×97) % $12 = 194$ % $12 = 2$。

perfect_hash('a') 傳回值為 (G[9] + G[2]) % 12 = (11 + 1) % 12 = 0。如此表示字串 'a' 的雜湊值為 0。針對字串 'by' 再算一次 [10]，結果：

- hash_f('by', S1) = $(9 \times 98 + 4 \times 121)$ % $12 = 1{,}366$ % $12 = 10$。

- hash_f('by', S2) = $(2 \times 98 + 10 \times 121)$ % $12 = 1{,}406$ % $12 = 2$。

- perfect_hash('by') = (G[10] + G[2]) % 12 = (1 + 1) % 12 = 2。

總之，鍵 'a' 雜湊處理結果在索引位置 0，鍵 'by' 雜湊處理結果在索引位置 2。事實上，「a rose by any other name would smell as sweet」句中每個單字的雜湊處理，算出不同的索引位置。有時候，數學能做的，著實令人嘆為觀止！

示例 3-12 的 perfect_hash() 函式，處理樣本字典的 321,129 個單字。此函式針對第一個英文單字 'a' 的計算結果為 0，而處理最後一個英文單字 'zyzzyvas' 的結果是 321,128。此以大串列 G 支援，該串列包含 667,596 個值（在此並無呈現出來！）另外還有兩個中間串列 S1、S2 一同配合。

---

10 ord('b') = 98 以及 ord('y') = 121。

就此大型完美雜湊表中，對於字串 'by'，我們可以確定下列內容：

- hash_f('by', S1) = (394,429 × 98 + 442,829 × 121) % 667,596 = 92,236,351 % 667,596 = 108,103

- hash_f('by', S2) = (14,818 × 98 + 548,808 × 121) % 667,596 = 67,857,932 % 667,596 = 430,736

- perfect_hash('by') = (G[108,103] + G[430,736]) % 667,596 = (561,026 + 144,348) % 667,596 = 37,778

示例 3-12　完美雜湊函式的部分內容（英文字典應用）

```
S1 = [394429, 442829, 389061, 136566, 537577, 558931, 481136,
      337378, 395026, 636436, 558331, 393947, 181052, 350962, 657918,
      442256, 656403, 479021, 184627, 409466, 359189, 548390, 241079, 140332]
S2 = [14818, 548808, 42870, 468503, 590735, 445137, 97305,
      627438, 8414, 453622, 218266, 510448, 76449, 521137, 259248, 371823,
      577752, 34220, 325274, 162792, 528708, 545719, 333385, 14216]

def hash_f(key, T):
  return sum(T[i % 24] * ord(c) for i, c in enumerate(key)) % 667596

def perfect_hash(key):
  return (G[hash_f(key, S1)] + G[hash_f(key, S2)]) % 667596
```

示例 3-12 的 perfect_hash(key) 運算將產生大的總和，此大數以 % 667,596 運算降低結果，用於區別大串列 G 中各個位置。只要 key 是英文字典中有效單字，perfect_hash(key) 區別 0 ～ 321,128 的各個索引。

若我們不小心遇到雜湊處理的鍵不是英文單字，則會發生衝突：單字 'watered' 與非單字 'not-a-word' 兩者雜湊處理的結果皆在索引位置 313,794。因為程式設計師要負責確保只能允許有效鍵做雜湊處理，所以這並非是完美雜湊的議題。

疊代處理 (鍵 , 值) 組

雜湊表的目的是為求得有效率的 get(k)、put(k, v) 作業。如此也可能用於檢索雜湊表中所有項目（無論是採取開放定址或分別鏈結皆適用）。

產生器（generator）是 Python 語言最佳功能之一。大多數程式語言要求程式設計師使用額外儲存空間傳回集合的內容值。第 2 章有說明 range(0, 1000)、range(0, 100000) 兩者如何使用相同的儲存量，傳回各自範圍內的所有整數；產生器功能即可實現此需求。

下列產生器函式輸出的整數，範圍從 0 到 n，但不包含 digit 指定的數值：

```
def avoid_digit(n, digit):
  sd = str(digit)
  for i in range(n):
    if not sd in str(i):
      yield i
```

若要讓 Python 的物件有此相同功能，類別內容可以加入 __iter__() 方法，讓呼叫者能夠使用 for v in object 這樣的慣用語。

示例 3-13 兩個 __iter__() 實作用於分別鏈結、開放定址雜湊表。

示例 3-13　使用 Python 產生器函式疊代走訪雜湊表所有項目

```
# 開放定址雜湊表的疊代器
def __iter__(self):
  for entry in self.table:
    if entry:                                 ❶
      yield (entry.key, entry.value)          ❷

# 分別鏈結雜湊表的疊代器
def __iter__(self):
  for entry in self.table:
    while entry:                              ❸
      yield (entry.key, entry.value)          ❷
      entry = entry.next                      ❹
```

❶ 跳過表中 None 項目。

❷ 使用 Python yield 產生內含 key、value 的元組。

❸ 只要此桶中有鏈結串列，就可以為每個節點產出一個元組。

❹ 將 entry 設為鏈結串列的下一個項目，若沒有的話，則設為 None。

為了實際說明這些疊代器的運作方式，就此建構兩個大小 M（等於 13）的雜湊表（一個給開放定址使用，一個供分別鏈結使用），而第三個雜湊表則採取完美雜湊處理。將「a rose by any other name would smell as sweet」字串的單字插入之後，表 3-6 顯示由各個雜湊表產生的單字。

表 3-6　雜湊表疊代器傳回的單字順序

開放定址	分別鏈結	完美雜湊
a	sweet	a
by	any	any
any	a	as
name	would	by
other	smell	name
would	other	other
smell	as	rose
as	name	smell
sweet	by	sweet
rose	rose	would

針對開放定址與分別鏈結兩種雜湊表所傳回的單字似乎為隨機順序；當然，這並非隨機性質，而完全基於鍵的雜湊處理方式。由於 Python 3 字串的 hash() 值為不可預測的，倘若讀者執行此示例程式，產生該表，則對於開放定址與分別鏈結的內容順序可能會有所不同。

perfect-hash 函式庫其中一個良好功能是：perfect_hash(key) 算出的索引位置是基於產生完美雜湊值採用的單字順序。只需使用已排序的字串串列，項目將按排序順序儲存，疊代器將以相同的順序產生各對資料。

第 8 章對於 Python dict 型別有更多細節論述。因為此為內建型別，相較在此所述的程式內容來得更有效率，所以讀者應該一直使用該型別，而非像本章所述，從無到有實作出符號表。

本章總結

本章介紹數個重要概念：

- 鏈結串列資料結構能有效率的儲存小型項目集，支援動態插入、移除功能。

- 符號表使用內有 M 個桶的儲存陣列儲存項目。若有兩個或多個鍵被雜湊處理到同一個桶，則需要策略解決這些衝突。

- 開放定址靠著陣列內分布項目，降低衝突次數，不過要在儲存陣列大小 M 是儲存項目數 N 的兩倍以上，運作才會有效率。要了解具有鍵移除功能的兩種方法，可試作本章挑戰題。

- 分別鏈結使用鏈結串列儲存項目（這些項目的鍵，經雜湊處理會放在同一桶中）。此方法可以較容易支援鍵的移除作業。

- 設計雜湊函式不容易──可使用 Python 預先定義的函式（Python 專家設計的）。

- 幾何的大小調整，藉由降低未來的調整大小事件發生頻率，確保符號表維持高效率。

- 完美雜湊可用於建構雜湊函式，為固定數量的鍵，計算獨特的桶索引位置，以避免衝突；雜湊函式的運算成本往往比預設的 hash() 函式高。

挑戰題

1. 若你使用不同策略解決衝突，**開放定址**方法是否能夠改善衝突？若不採用變化量為 1（環繞搜尋）的**線性探測**，而是建立大小為「2 的冪」雜湊表，使用探測器序列，以**三角形數**（*triangle number*）的變化量（即：整數 1、3、6、10、15、21 等等），探索其他索引位置；你仍然必須環繞處理。第 n 個三角形數是從 1 到 n 的整數和，以算式 n × (n + 1)/2 表示。

   上述方法的整個效能是否優於線性探測？

   請讀者進行下列實驗，將前 160,564 個英文單字（使用率為 30%）填入大小為 524,288 的 Hashtable，然後測量全部 321,129 個單字所需的搜尋時間。將此效能與開放定址的 Hashtable 以及分別鏈結版本做比較。

2. 對分別鏈結雜湊表中鏈結串列的鍵排序，值得嗎？就此另外建構一個 Hashtable，按鍵的上升順序，對每個鏈結串列中排續所有的 (鍵 , 值) 資料。

   請進行以下實驗，測量大小為 524,287（質數）的初始 Hashtable 所需的建構時間，其中前 160,564 個英文單字（使用率為 30%）**以反向順序排列**。如此所示，此例的**最差情況**是，以遞增值將鍵 put() 至雜湊表之際。將上述實驗的效能與開放定址 Hashtable 以及正規的分別鏈結 Hashtable 做比較。

   此時測量前 160,564 個英文單字單詞（作為鍵）所需的搜尋時間。因為這些單字皆存於雜湊表中，所以可能如讀者所料，這是**最佳情況**。將此效能與陣列式 Hashtable 以及分別鏈結版本做比較。接著，搜尋英文字典後半部所剩的 160,565 個單字。因為要在鏈結串列找到這些單字，必須完整探索每個鏈結串列，所以這算是**最差情況**的寫照。再度將這個效能與開放定址 Hashtable 以及正規無序鏈結串列版本做比較。

這些結果與選定初始大小值（524,287）的相關敏感程度為何？例如，與 214,129（使用率為 75%）以及 999,983（使用率為 16%）相較。

3. 若要明白可預測雜湊值的風險，可研究示例 3-14 的 ValueBadHash 程式。此 Python 類別的物件只雜湊處理成四種值（0 ～ 3）。該類別覆寫 hash()、__eq__() 的預設行為，因此叫用 put(key, v) 時，能以這些物件用作鍵傳入函式中。

示例 3-14　*ValueBadHash 有個糟糕的 hash() 函式*

```
class ValueBadHash:
  def __init__(self, v):
    self.v = v

  def __hash__(self):
    return hash(self.v) % 4

  def __eq__(self, other):
    return (self.__class__ == other.__class__ and self.v == other.v)
```

建構分別鏈結 Hashtable(50,000)，針對字典的前 20,000 個英文單字，叫用 put(ValueBadHash(w), 1)。接著，建立正規的分別鏈結 Hashtable，針對這些相同單字，叫用 put(w, 1)。產生下列的統計資訊：

- 單桶的平均鏈長

- Hashtable 中任一桶的最大鏈長

為上述程式碼的冗長執行時間做好準備！試著解釋這些統計資料。

4. 因為對於與 M 有公因數的鍵而言，這些鍵被雜湊處理到某個桶中，該桶雜湊值為此因數的倍數，所以實務上，讓桶數 M 為質數較為妥當。例如，若 M = 632 = 8 × 79，而插入項目的鍵為 2,133 = 27 × 79，則雜湊值為 2,133 % 632 = 237 = 79 × 3。問題是，雜湊表的效能假設鍵為均勻分布，倘若某些鍵傾向置於特定的桶中，將違反此一假設。

為了呈現 M 的影響，試著以 base26 表示英文字典（內有 321,129 個單字）中每個單字的方式，產生鍵。針對 M 值落在 428,880 到 428,980 範圍內（即含 101 個可能值），建構固定大小的雜湊表（採用開放定址與分別鏈結兩種方式），產生內有平均鏈長與最大鏈長的資料表。依此範圍，有哪些 M 值表現特別差嗎？你可以找出這些結果值有何共通點？基於這些統計知識，檢視後續 10,000 個更高的 M 值（最多到 438,980），試圖找出某個 M 值，使得其造就的最大鏈長近乎十倍差。

5. 採用開放定址雜湊表，並沒有簡單的方法支援 remove(key)，理由是移除桶中項目可能會破壞現有鏈的建構（以線性探測處理的）。設想有個 M = 5 的 Hashtable，其中對鍵 0、5、10 的項目做雜湊。因為每次衝突都將使用線性探測解決，所以產生的 table 陣列將包含下列的鍵 [0, 5, 10, None, None]。存在缺陷的 remove(5) 作業將僅從 table 中移除鍵 5 的項目，使得陣列儲存內容為 [0,None, 10, None, None]。然而，因為索引位置 0 的鏈已斷裂，再也找不到鍵 10 的項目。

   有個策略是在 Entry 加入布林（Boolean）欄位，記錄項目是否已被刪除。你必須對應修改 get()、put()。此外，調整大小事件也要變更，原因是新雜湊表中不需要插入標註為已刪除的項目。別忘了更新 __iter__() 方法，忽略已刪除的項目。

   試著加入支援伸縮事件的邏輯，當雜湊表超過一半的項目被標註為刪除狀態，觸發該伸縮事件調整。因為此時開放定址有支援 remove()，所以設法執行某些試驗，比較分別鏈結與開放定址兩者的效能。

6. 調整雜湊表的大小將付出高昂的代價，原因是 N 個值都需要重新雜湊到新結構中。反之，以增量方式調整大小，調整大小的事件將配置新陣列 newtable（大小為 2M + 1），而原雜湊表大小依然不變。get(key) 會要求先在 newtable 搜尋鍵，然後才去搜尋原 table。put(key,value) 要求將新項目插入 newtable 中：每次的插入之後，原 table 的 delta（變化量）元素將被重新雜湊處理，插入 newtable 中。一旦移除原 table 中所有元素，即表示刪除此表。

   以分別鏈結雜湊表實作上述方法，並試著使用不同的 delta 值。請特別觀測，再次發生調整大小事件之前，能保證完全清空原表的最小 delta 為何？delta 是常數，或是與 M（甚至 N）有關？

   這種方法將使得 put() 針對任何情況所產生的總成本降低；請使用與表 3-5 類似的範例進行實證測量，不過目前要評估，最大成本作業的執行時間。

7. 若雜湊表中 (鍵 , 值) 數量 N 小於 M/4，則 table 儲存陣列可能會縮小，釋放不需要的儲存空間。remove() 能夠觸發此收縮事件。

   請修改分別鏈結或開放定址的雜湊表，實作這項功能，並執行某些實證試驗，確認此功能是否值得一做。

8. 試著採用符號表尋找串列中重複出現最多次的元素，能夠在一般情況下，傳回重複出現「最多次」的任一結果。

most_duplicated([1,2,3,4]) 可能傳回 1、2、3 或 4，而 most_duplicated([1,2,1,3]) 必定傳回 1。

9. 開放定址雜湊表移除項目的方式之一：在鏈中要被移除的項目之後，重新雜湊處理其餘的 (鍵 , 值)。將上述功能加入開放定址雜湊表中，並執行某些試驗，比較開放定址（採用這個修改過的移除功能）與分別鏈結兩者的效能。

## 第四章

堆積向上

你將於本章學到：

- 佇列與優先佇列資料型別。

- 二元堆積資料結構（該結構於 1964 年被發明；可用陣列儲存此結構的資料）。

- 最大二元堆積（較大優先序號的項目有較高的優先序）以及最小二元堆積（較小優先序號的項目有較高的優先序）。

- 如何將一對 (值 , 優先序) 項目排入 O(log N) 等級的二元堆積中（其中 N 為堆積的項目數）。

- 如何在 O(1) 等級的二元堆積中找出具最高優先序的值。

- 如何從 O(log N) 等級的二元堆積中移除具最高優先序的值。

若你不想只是儲存值集，而要儲存項目集，該集合的每個項目都有一個值，還有一個數值表示的相關優先序（*priority*），該怎麼辦？給定兩個項目，優先序較高的項目比另一個項目來得重要。這次的挑戰是將新的 (值 , 優先序) 項目插入集合中，而且能夠從集合中移除並傳回具最高優先序的項目內容值。

依上述行為定義出優先佇列（*priority queue*）——這是一種資料型別，能有效率的支援 enqueue(value, priority)、dequeue()（後者可移除具最高優先序的值）。優先佇列與上一章論述的符號表不同：當你要求移除具最高優先序的值時，**不需要事先知道優先序為何**。

生意好的夜店客滿時，夜店外面會有排隊等著入場的隊伍（如圖 4-1 所示）。想進入夜店的人越來越多，後到的人必須排在隊伍尾端等候。從隊伍進入夜店的第一位是等最久的人。上述行為描繪出基本的**佇列**（*queue*）抽象資料型別（具有 enqueue(value) 與 dequeue() 兩者；前者將 value 加入佇列尾端，成為佇列的最新值；後者移除佇列中最舊的 value）。此排隊過程的另一種說法，叫做「先進先出」（FIFO），FIFO 是「First [one] in [line is the] first [one taken] out [of line]」（首先進來隊伍的那一位是首先從隊伍出去的那一位）的縮寫。

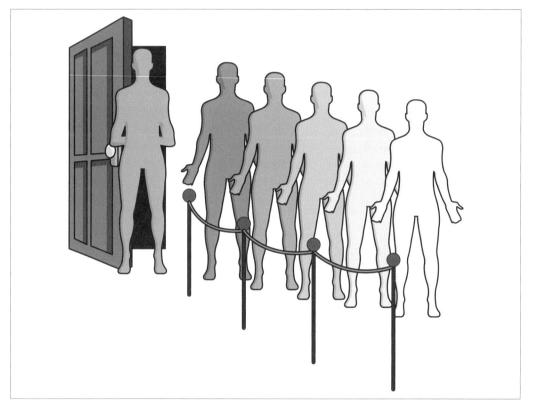

圖 4-1　夜店外等待入場的隊伍（佇列）

上一章介紹過鏈結串列資料結構，其中有提到 Node（節點），本章將再度使用 Node 儲存佇列的 value：

```
class Node:
  def __init__(self, val):
    self.value = val
    self.next = None
```

示例 4-1 的 Queue 採用 Node 結構，實作 enqueue() 作業（該作業可將值加入鏈結串列尾端）。圖 4-2 為「Joe」、「Jane」、「Jim」（依序）排入夜店佇列的結果。

「Joe」將是首先從隊伍移出的顧客，隨後隊伍有兩位顧客排隊，其中「Jane」是目前隊伍的第一位顧客。

Queue 的 enqueue()、dequeue() 作業效能為常數時間，與佇列的值個數無關。

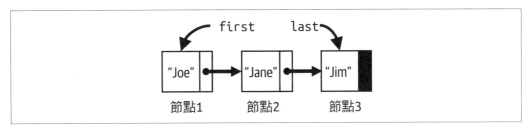

圖 4-2　內有三個節點的夜店佇列模型

示例 4-1　*Queue* 資料型別實作（鏈結串列版本）

```python
class Queue:
  def __init__(self):
    self.first = None           ❶
    self.last = None

  def is_empty(self):
    return self.first is None    ❷

  def enqueue(self, val):
    if self.first is None:       ❸
      self.first = self.last = Node(val)
    else:
      self.last.next = Node(val)  ❹
      self.last = self.last.next

  def dequeue(self):
    if self.is_empty():
      raise RuntimeError('Queue is empty')

    val = self.first.value        ❺
    self.first = self.first.next  ❻
    return val
```

❶ first、last 兩者初始值為 None。

❷ 若 first 為 None，則 Queue 為空佇列。

❸ 若 Queue 為空，將 first、last 皆設為新建的 Node。

❹ 若 Queue 有內容，在 last 之後加入新建的 Node，並調整 last，將它指向新建的 Node。

❺ first 參考到的 Node 含有要被傳回的值。

❻ 將 first 設為串列的第二個 Node（若有此節點的話）。

讓我們將情況變更如下：夜店決定讓顧客購買特別入場券（上面有記錄票券價格）。例如，顧客可購買 50 美元的入場券，也可以購買 100 美元的入場券。若夜店客滿時，想要入場的人得在外面排隊等待。然而，第一位從隊伍進入夜店的人是**當中持有的入場券價格最**高者。若隊伍當中花費最高者有兩位以上的話，則擇一進入夜店。無入場券的顧客則表示支付 0 元者。

圖 4-3 的隊伍中間持有 100 美元入場券的顧客是首位進入夜店的人，其次是兩位花 50 美元的顧客（依某順序進入）。其他無入場券者都被認為是同等的顧客，後續逐一進入夜店。

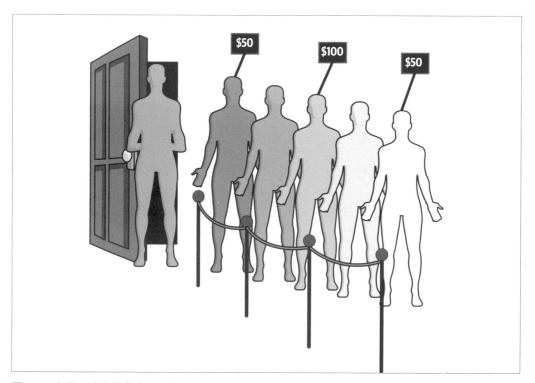

圖 4-3　有買入場券的顧客可以優先入場

優先佇列資料型別並無指明兩個以上的值具有相同優先序時的處置方式。事實上，基於該型別的實作，優先佇列可能不會按值的排入順序傳回值。堆積式優先佇列——如本章所述——不會按排入順序傳回具相同優先序的值。Python 內建模組 heapq 使用堆積實作優先佇列（第 8 章會介紹）。

此更新行為定義優先佇列抽象資料型別；然而 enqueue()、dequeue() 不能再以有效率的常數時間完成。一方面，若使用鏈結串列資料結構，則 enqueue() 仍將是 O(1)，不過 dequeue() 可能需要檢查優先佇列中所有值，才能找到具最高優先序的值，在最差情況下為 O(N)。另一方面，若按優先序排列所有元素，則 dequeue() 是 O(1)，但目前 enqueue() 在最差情況下需要 O(N) 才能找出新值的插入位置。

基於我們至今為止的經驗，使用 Entry 物件儲存（值, 優先序）項目，有下列五種可行的結構：

陣列

無序項目陣列（無結構設計而寄望有最佳表現）。enqueue() 為常數時間的作業，而 dequeue() 必須搜尋整個陣列，找出要移除與傳回的最高優先序項目值。由於陣列的大小固定，因此該優先佇列可能會滿載。

內建

使用 Python 內建作業操控的無序串列，其效能表現與陣列相似。

OrderA

以遞增優先序排列的項目陣列。enqueue() 使用二元陣列搜尋特定版（源於示例 2-4）找出項目應該擺放的位置，而寫程式移動陣列項目以釋出空間。因為項目完全依序排列，最高優先序項目位於陣列尾端，所以 dequeue() 的效能為常數時間。由於陣列的大小固定，因此該優先佇列可能會滿載。

鏈結

項目鏈結串列（第一個項目的優先序是串列中最高的）；緊接的每個項目優先序皆小於或等於前一個項目。此實作將新值排入鏈結串列的適當位置，使得 dequeue() 有常數時間的作業。

OrderL

升序項目的 *Python* 串列（以遞增優先序排列）。enqueue() 使用二元陣列搜尋特定版將項目動態插入該陣列的正確位置。因為優先序最高的項目始終位於串列尾端，所以 dequeue() 是常數時間。

為了比較這些實作，我們設計一個實驗，可以安然執行 3N/2 個 enqueue() 作業、3N/2 個 dequeue() 作業。針對每個實作，我們測量總執行時間，並將結果除以 3N 計算平均作業成本。如表 4-1 所示，固定大小的陣列表現最慢，而內建的 Python 串列的執行時間減半。已排序項目的陣列結果則再減半，而鏈結串列的效能比前者多提升 20%。就算如此，明確的優勝者是 *OrderL*。

表 4-1 問題實例（大小為 N）的平均作業效能（單位：ns）

M	堆積	OrderL	鏈結	OrderA	內建	陣列
256	6.4	2.5	3.9	6.0	8.1	13.8
512	7.3	2.8	6.4	9.5	14.9	26.4
1,024	7.9	3.4	12.0	17.8	28.5	52.9
2,048	8.7	4.1	23.2	33.7	57.4	107.7
4,096	9.6	5.3	46.6	65.1	117.5	220.3
8,192	10.1	7.4	95.7	128.4	235.8	446.6
16,384	10.9	11.7	196.4	255.4	470.4	899.9
32,768	11.5	20.3	–	–	–	–
65,536	12.4	36.8	–	–	–	–

對於上述的方法，enqueue()、dequeue() 作業的平均成本的成長與 N 成正比。然而，表 4-1「堆積」行是運用 Heap 資料結構的效能結果，平均成本與 log(N) 成正比，如圖 4-4 所示，其效能明顯優於 Python 有序串列實作。當問題大小加倍時，執行時間呈常數時間增加，即為對數效能。表 4-1 的 N 加倍時，堆積的效能時間大約增加 0.8 ns。

堆積資料結構於 1964 年被發明，能夠讓優先佇列的作業具有 O(log N) 效能。本章後續內容，不會詳加敘述排入項目中的值——這些值可能是字串、數值，甚至是影像資料；誰在乎呢？我們只關注每個項目的優先序號。後續圖中，只顯示已排入項目的優先序號。基於最大堆積的兩個項目，優先序號較大的項目具有較高的優先序。

堆積的最大尺寸 M——事先知道——可以儲存 N 個（N < M）項目。以下將解釋堆積結構，說明此結構如何在最大尺寸之內隨時間伸縮，並呈現一般陣列如何儲存此 N 個項目。

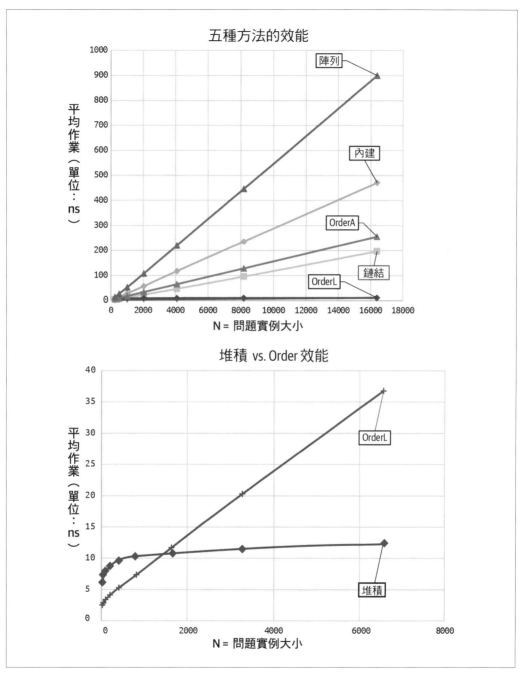

圖 4-4 堆積的表現（O(log N)）優於其他方法的作為（O(N)）

最大二元堆積

以下似乎是個奇怪的想法:若只對項目做「部分排序」會怎樣?圖 4-5 描繪內有 17 個項目的最大堆積;對於每個項目,只顯示對應的優先序。如圖所示,第 0 層有一個項目,該項目的優先序是此最大堆積的所有項目中最高的。若以箭頭表示 x → y,則項目 x 的優先序 ≥ 項目 y 的優先序。

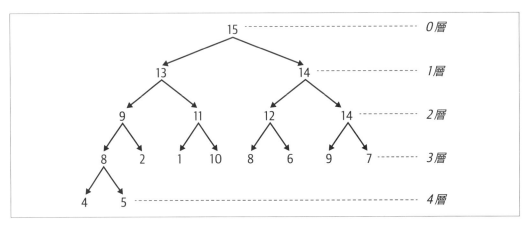

圖 4-5 最大二元堆積示例

這些項目並非像排序串列內容那樣完全有序,因此我們必須搜尋一段時間才能找到優先序最低的項目(提示:此項目位於第 3 層)。但是在此產生的結構具有某些良好特性。第 1 層中有兩個項目,其中一個項目的優先序必定是第二高的(或與最高優先序並駕齊驅,對吧?)。各 k 層 —— 最後一層除外 —— 都滿載(有 2^k 個項目)。只有最下面一層僅填入部分項目(即 16 個空間只有 2 個項目,從左到右填充)。我們還可以看到堆積中可能有相同的優先序 —— 優先序 8 與 14 再堆積中多次出現。

每個項目的箭頭數量不超過 2 個,如此即為最大二元堆積。以第 0 層中優先序 15 的項目為例:第 1 層第一個項目(優先序 13)是其左子(left child)項;第 1 層第二個項目(優先序 14)是其右子(right child)項。優先序 15 的項目是第 1 層中兩個子項的父(parent)項。

最大二元堆積的性質概述如下:

堆積順序性(Heap-ordered property)

    項目的優先序大於或等於其左子項與右子項(若有的話)優先序。每個項目(最上面的項目除外)的優先序小於或等於其父項的優先序。

堆積狀態性（*Heap-shape property*）

第 k 層必須填滿 2^k 個項目（從左到右），才能處理第 k + 1 層的項目。

若二元堆積只有單一項目時，因為 $2^0 = 1$，所以只有第 0 層。二元堆積需要多少層數才能儲存 N > 0 個項目？就數學而言，我們需要定義式子 L(N)，以傳回 N 個項目所需的層數。圖 4-6 的視覺化內容，可輔助確定 L(N)。其中包含 16 個項目，每個項目以下標號碼標記，從頂端 e_1 開始，從左到右遞增，直到該層的項目滿載，再從下一層最左邊的項目開始處理。

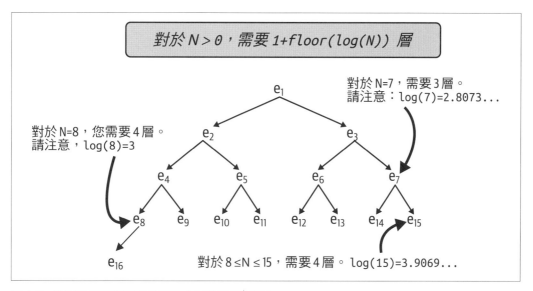

圖 4-6　確定二元堆積所需的層數（內有 N 個項目）

若堆積中只有 7 個項目，則將以 3 層包含項目 e_1 ～ e_7，8 個項目需要四層。若我們從頂端沿著左箭頭觀測，可以看到項目的下標號碼遵循特定的模式：e_1、e_2、e_4、e_8、e_{16}，意味著 2 的冪將發揮作用。事實證明：L(N) = 1 + floor(log(N))。

 二元堆積的每個新層次包含的項目總數大於先前所有層次的項目總數。
若我們將二元堆積的高度僅增加一個層次，二元堆積可以容納多一倍以上
的項目（總共是 2N + 1 個項目，其中 N 是現有項目總數）！

讀者應該記得對數的效果，當 N 加倍時，log(N) 的結果加 1。數學的表示如下：log(2N) = 1 + log(N)。圖 4-7 的四個選項中何者符合規則的最大二元堆積？

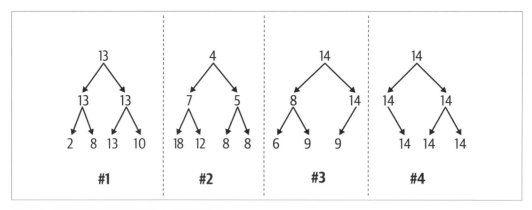

圖 4-7　何者為符合規則的最大二元堆積？

首先查看每個選項的堆積狀態性。因為選項 #1、#2 的每層都已滿載項目，所以是可接受的狀態。選項 #3 也是可接受的狀態，原因是只有最後一層填入部分項目，而且是從左到右填入三個（總共可填四個）項目。選項 #4 違反堆積狀態性，理由是最後一級漏掉最左邊的項目（共有三個項目）。

此時考量最大二元堆積的堆積順序性，確保每個父項的優先序大於或等於其子項的優先序。選項 #1 符合規則（你可以循著每個箭頭查看確認）。選項 #3 不合規則，原因是優先序 8 的項目有個右子項的優先序為 9。選項 #2 也不符合，因為第 0 層的項目優先序 4 小於其兩個子項的優先序。

　實際上，選項 #2 是最小二元堆積例子，其中每個父項的優先序小於或等於其子項的優先序。第 7 章會用到最小二元堆積。

我們需要確保經過 enqueue()、dequeue()（後者會移除最大堆積中最高優先序的值）作業之後仍具有前述兩個堆積性質。此一保證至關重要，這樣我們就可以表明兩個作業的表現為 O(log N)，此為表 4-1 所述方法的重大改進（之前那些方法，因為 enqueue()、dequeue() 的 O(N) 最差情況表現而受限）。

插入 (值 , 優先序)

針對最大二元堆積叫用 enqueue(value, priority) 之後，應該將新項目置於何處？以下是始終有用的策略：

- 將新項目放入最後一層的第一個閒置處。

- 若該層已滿，則將堆積擴大，增加一層，將新項目放在新層次最左邊位置。

圖 4-8 將優先序 12 的新項目插入第 4 層中第三個位置。我們可以確認此堆積狀態性（未滿載的第 4 層從左邊開始項目項目，無遺漏）。不過，此刻可能違反堆積順序性。

有利的是，我們只需要重新排列特定**路徑**上的項目（即從新項目所在位置往回至第 0 層最上面項目這條路徑上的所有項目）就能解決。圖 4-10 呈現修復堆積有序性之後的最終結果；如圖所示，淺灰色路徑的項目已按頂端向下遞減（或同等）順序做對應的重新排列。

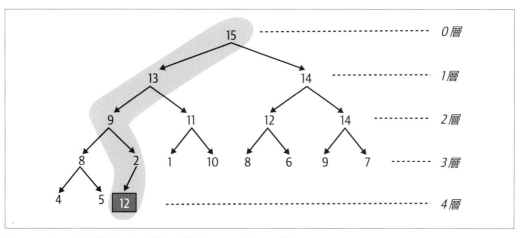

圖 4-8　插入項目的第一步（將項目放在下一層的閒置處）

　二元堆積中特定項目的**路徑**是依循下列過程形成的一組項目：從第 0 層的單一項目開始順著箭頭（左或右）到特定項目為止。

為了滿足堆積順序性而重新建構最大堆積，新加的項目將採用逐對交換，沿此路徑「往上浮」到適當位置。基於此範例，圖 4-8 顯示，優先序 12 的新加項目讓堆積順序的優先序失效（該項目的優先序大於父項的優先序 2）。交換這兩個項目，產生圖 4-9 所示的最大堆積，並持續往上處理。

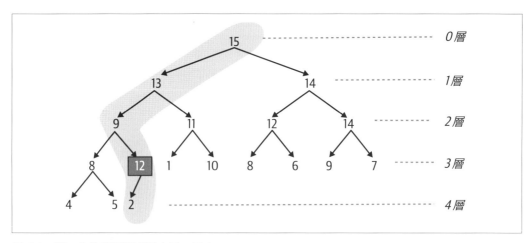

圖 4-9　第二步依所需將項目上浮一層次

我們可以確認：從 12 往下而言，此結構是符合規則的最大二元堆積（內有兩個項目）。不過 12 這個項目仍然讓堆積順序性失效，因為其父項的優先序為 9（比較小），因此將它與其父項交換，如圖 4-10 所示。

從圖 4-10 特別標示的項目 12 往下而論，該結構是符合規則的最大二元堆積。當我們將 9、12 兩項目交換時，不必擔心項目 8 及其之下的結構，原因是這些項目優先序皆小於或等於 8，如此表示也會小於或等於 12。由於 12 小於其優先序 13 的父項，因此滿足堆積順序性。

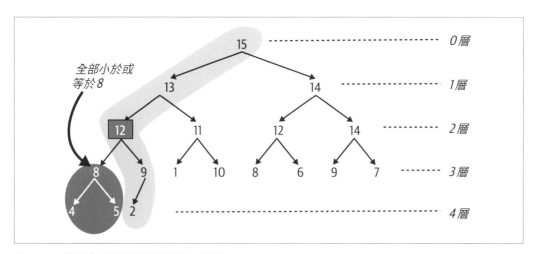

圖 4-10　第三步依所需將項目上浮一層次

讀者可以在圖 4-10 所示的堆積中自行嘗試執行 enqueue(value, 16)，最初會將新項目放在第 4 層的第四個位置中，作為優先序 9 這個項目的右子項。該新項目將一直上浮至第 0 層，最後產生圖 4-11 所示的最大二元堆積。

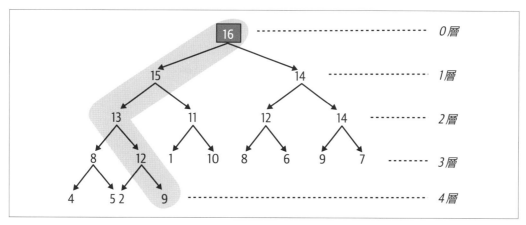

圖 4-11　新增優先序 16 的項目（會上浮至此堆積的頂端）

最差情況是：對於要排入的新項目而言，其優先序高於目前最大二元堆積中所有項目的優先序。該路徑中的項目數為 1 + floor(log(N))，如此表示最大交換次數為此值少一，即 floor(log(N))。此時我們可以清楚表述，enqueue() 作業之後重新建構最大二元堆積的時間是 O(log N)。這個出色結果只把問題解決一半，我們還必須確保可以有效率的移除最大二元堆積中優先序最高的項目。

移除優先序最高的值

於最大二元堆積中找尋優先序最高的項目非常簡單──結果始終是頂端第 0 層的單一項目。不過我們不能移除該項目，原因是第 0 層若有閒置處將違反堆積狀態性。幸好有個 dequeue() 策略可以移除最上面的項目，而且能夠有效力的重新建構最大二元堆積，如後續一系列圖示所述：

1. 移除最下面一層中最右邊的項目，並記住該項目。變更的結構將同時滿足堆積順序性與堆積狀態性兩者。

2. 儲存第 0 層中最高優先序項目的序號，進而能夠傳回該值。

3. 將第 0 層的項目換成方才從堆積的最下面一層移除的項目。如此可能會破壞堆積順序性。

為了實現此目標，首先移除項目 9 並記住該項目資訊，如圖 4-12 所示；變更後的結構仍然是個堆積。接著，記錄與第 0 層的最高優先序關聯的值，進而能夠傳回該值（此圖並未顯示）。

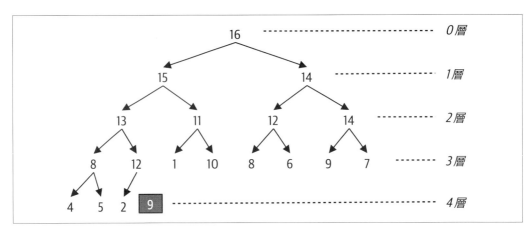

圖 4-12　第一步移除最下面一層中最右邊的項目

最後，將第 0 層的單一項目用已移除的項目取代，因而破壞此最大堆積，如圖 4-13 所示。如讀者所見，第 0 層中單一項目的優先序不大於其左子項（優先序 15）、右子項（優先序 14）。若要重新建構最大堆積，我們需要將此項目「下沉」到堆積內部更下方的位置，以重建堆積順序性。

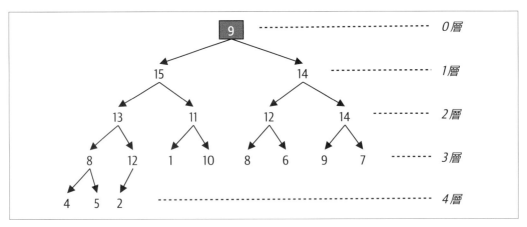

圖 4-13　由於將最後一個項目與第 0 層單一項目交換而導致的堆積性質損壞

從無效項目（即第 0 層中優先序 9 的項目）開始，判斷其子項（即左子項或右子項）何者的優先序較高——若只有左子項的話，則採用該項。在此示例中，優先序 15 的左子項高於優先序 14 的右子項，圖 4-14 為最上面項目與所選較高優先序子項交換的結果。

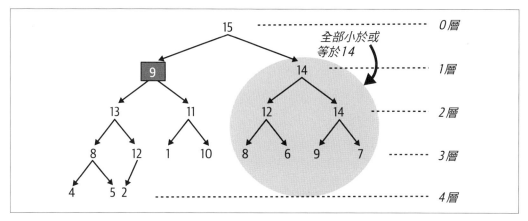

圖 4-14　將頂端項目與其左子項（具有更高優先序的項目）交換

如圖 4-14 所示，基於第 1 層中優先序 14 的項目，其整個子結構是符合規則的最大二元堆積，因此不需要變更。然而，新交換的項目（優先序為 9）違反堆積順序性（此項目的優先序小於其兩個子項的優先序），因此這個項目必須繼續於左邊「下沉」，如圖 4-15所示（優先序 13 的項目是其兩個子項中優先序較大的）。

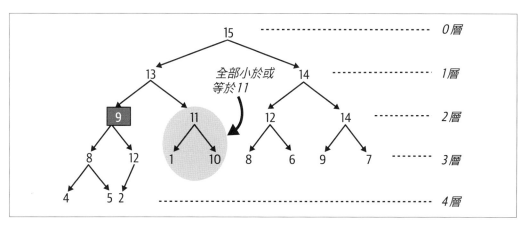

圖 4-15　再下沉一層

快達成目標了！圖 4-15 表示，優先序 9 的項目有個優先序為 12 的右子項，因此我們要將這些項目交換，最終會修復此堆積的堆積順序性，如圖 4-16 所示。

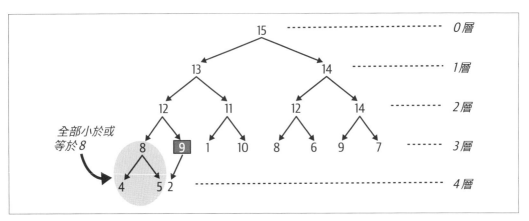

圖 4-16　將項目下沉至適當位置之後而成的堆積

正如將新項目排入優先佇列一般，調整項目並無簡單路徑，不過仍然可以確定「下沉」步驟重複進行的最大次數，即為最大二元堆積的層數減一（floor(log(N))）。

我們還可以計數兩個項目的優先序相較次數。針對每個「下沉」步驟，最多有兩次比較——一次是找出兩個同層項目中較大者，隨後另一次是判斷父項是否大於這兩個同層項目中較大者。總之，這意味著比較次數不會大於 2 × floor(log(N))。

主要重點是，該最大二元堆積增加新項目與移除最高優先序的項目，在最差情況下皆以 log(N) 成正比的時間完成。此刻是將上述理論付諸實現的時候，以下說明如何使用一般陣列實作二元堆積。

讀者有沒有注意到，堆積狀態性可確保從左到右、從第 0 層向下到後續每一層的順序讀取所有項目？我們可以藉由一般陣列儲存二元堆積而善用此一見解。

以陣列表示二元堆積

圖 4-17 顯示如何在大小為 M（M > N）的固定陣列中，儲存 N = 18 個項目的最大二元堆積。讓二元堆積中每個位置各自對應到陣列的唯一索引位置，就可以將此最大二元堆積（共五層）儲存在一般陣列中。每個虛線方框皆有一個整數，該整數對應陣列的某個索引位置，此位置儲存二元堆積中某個項目。筆者於此所述的二元堆積，還是僅顯示項目的優先序號。

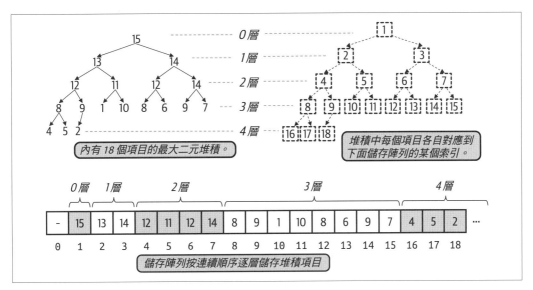

圖 4-17　以陣列儲存最大二元堆積

每個項目在 storage[] 陣列中都有一個對應位置。為了簡化所有運算，storage[0] 這個位置保留不用，不會儲存項目。最上面的項目（優先序 15 的項目）被放在 storage[1]。它的左子項（優先序 13）被放在 storage[2]。若 storage[k] 的項目有個左子項，則該子項是在 storage[2*k]；圖 4-17 呈現此一觀測結果（只要檢查虛線方框）。同樣的，若 storage[k] 的項目有右子項，則該子項位於 storage[2*k +1] 中。

對於 k > 1，storage[k] 項目的父項位於 storage[k//2] 中，其中 k//2 是 k 除以 2 的結果無條件捨去，只取整數。將堆積最上面的項目放在 storage[1] 中，只需做除以二的整數運算，即可算出該項目的父項位置。storage[5] 項目（優先序 11）的父項位於 storage[2] 中（即：5//2 = 2）。

若 0 < k ≤ N，storage[k] 的項目是符合規則的項目，其中 N 表示最大二元堆積的項目數。這意味著，若 2 × k > N，則 storage[k] 的項目沒有子項；例如，storage[10]（優先序為 1）的項目沒有左子項（2 × 10 = 20 > 18）。我們還可以從中得知 storage[9] 的項目（剛好優先序也為 9）沒有右子項，因為 2 × 9 + 1 = 19 > 18。

swim 與 sink 的實作

若要儲存最大二元堆積，要先定義 Entry（內有 value 與其對應的 priority）：

```
class Entry:
  def __init__(self, v, p):
    self.value = v
    self.priority = p
```

示例 4-2 將最大二元堆積儲存於 storage 陣列中。物件實體化之後（instantiated），storage 長度比 size 參數多 1，才能符合前述的運算，其中第一個項目儲存在 storage[1] 中。

有兩個輔助方法可以簡化程式碼的內容。檢查某個項目的優先序是否小於另一個項目的優先序，之前已多次呈現過。當 storage[i] 中項目的優先序小於 storage[j] 內項目的優先序時，less(i,j) 函式傳回 True。當上浮或下沉作業時，我們需要將兩個項目交換。swap(i,j) 函式將 storage[i]、storage[j] 中項目互換位置。

示例 4-2　堆積實作（內含 enqueue()、swim() 方法）

```
class PQ:
  def less(self, i, j):                              ❶
    return self.storage[i].priority < self.storage[j].priority

  def swap(self, i, j):                              ❷
    self.storage[i],self.storage[j] = self.storage[j],self.storage[i]

  def __init__(self, size):                          ❸
    self.size = size
    self.storage = [None] * (size+1)
    self.N = 0

  def enqueue(self, v, p):                           ❹
    if self.N == self.size:
      raise RuntimeError ('Priority Queue is Full!')

    self.N += 1
    self.storage[self.N] = Entry(v, p)
    self.swim(self.N)

  def swim(self, child):                             ❺
    while child > 1 and self.less(child//2, child):  ❻
      self.swap(child, child//2)                     ❼
      child = child // 2                             ❽
```

---

❶ less() 判斷 storage[i] 的優先序是否低於 storage[j] 的優先序。

❷ swap() 將項目 i、項目 j 的位置交換。

❸ storage[1] ～ storage[size] 將用於儲存項目；storage[0] 保留不用。

❹ 為了將 (v, p) 項目 enqueue（排入），要把它放到後續的空位置中，並做上浮動作。

❺ swim() 為符合堆積順序性而重新建構 storage 陣列。

❻ storage[child] 中項目的父項位於 storage[child//2] 中，其中 child//2 是將 child 除以 2 的整數結果。

❼ 將 storage[child]、storage[child//2] 兩處的項目交換（後者為前者的父項）。

❽ 依需求將 child 設為父項所在位置以持續上浮。

swim() 方法相當簡短！以 child 表示的項目是新排入的項目，而 child//2 是它的父項（若有的話）。若父項的優先序低於子項，則兩者會互換，程序持續往上進行（上浮）。

圖 4-18 呈現圖 4-8 中由 enqueue(value, 12) 所引起的 storage 變化。隨後每一列對應稍早所列的圖示，以及顯示 storage 裡的項目內容變化。最後一列表示符合堆積順序性與堆積狀態性的最大二元堆積。

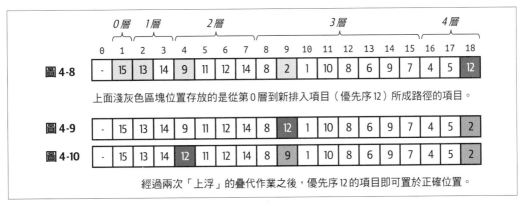

圖 4-18　圖 4-8 中排入項目之後的儲存內容變化

從最上面項目到新插入項目（優先序 12）的路徑涵蓋五個項目，如圖 4-18 灰色區塊所示。swim() 的 while 迴圈的兩次疊代作業之後，優先序 12 的項目與其父項交換，最終上浮到 storage[4]，此處即可滿足堆積順序性。交換次數必定不會超過 log(N)，其中 N 是二元堆積的項目數量。

示例 4-3 的實作涵蓋 sink() 方法（叫用 dequeue() 後，可重建最大二元堆積結構）。

示例 4-3　以 dequeue()、sink() 方法完成堆積實作

```
def dequeue(self):
  if self.N == 0:
    raise RuntimeError ('PriorityQueue is empty!')

  max_entry = self.storage[1]                    ❶
  self.storage[1] = self.storage[self.N]         ❷
  self.storage[self.N] = None
  self.N -= 1                                     ❸
  self.sink(1)
  return max_entry.value                         ❹

def sink(self, parent):
  while 2*parent <= self.N:                       ❺
    child = 2*parent
    if child < self.N and self.less(child, child+1):  ❻
      child += 1
    if not self.less(parent, child)               ❼
      break
    self.swap(child, parent)                       ❽
    parent = child
```

❶ 儲存第 0 層的最高優先序項目。

❷ 將 storage[1] 的項目以堆積最下面一層的項目取代（並將最下面一層的這個項目從 storage 中清除）。

❸ 針對 storage[1] 叫用 sink 之前，扣減項目數。

❹ 傳回與最高優先序項目關聯的值。

❺ 只要父項有子項，就持續檢查。

❻ 若有右子項且右子項大於左子項，則選擇右子項。

❼ 若 parent 不小於 child，則滿足堆積順序性。

❽ 若有需要就進行交換作業，並繼續下沉（以 child 做為新的 parent）。

圖 4-19 呈現 dequeue()（基於圖 4-11 中所示的初始最大二元堆積）所引起的 storage 變化。圖 4-19 的第一列顯示內有 19 個項目的陣列。第二列堆積中最後一個項目（優先序 9）被交換成為最大二元堆積中最上面的項目，這樣會破壞堆積順序性；另外，因為有個項目已被刪除，所以目前堆積只有 18 個項目。

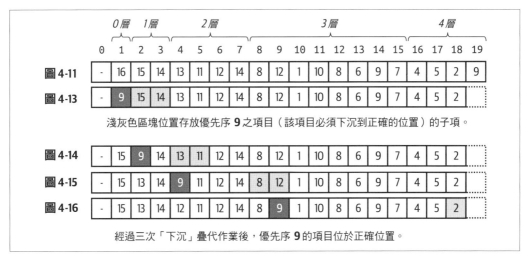

圖 4-19　執行圖 4-11 移出作業之後的儲存內容變化

sink() 的 while 迴圈連續三次疊代作業後，優先序 9 的項目已下降到確保堆積順序性的位置。每一列最左邊以深灰色區塊表示的項目是優先序 9 的項目，而右邊灰色區塊的項目是它的子項。每當 9 這個父項小於 9 的其中一個子項時，9 這個項目必須下沉，與其較大的子項交換。交換次數永遠不會超過 log(N)。

sink() 方法難以視覺化呈現，因為沒有像 swim() 那樣的直接路徑可循。圖 4-19 最後的 storage 表示內容中，我們可以看到優先序 9 的項目（以深灰色區塊標示）只有一個子項（優先序為 2，以淺灰色區塊標示）。當 sink() 作業結束時，表示正在下沉的項目已到達索引位置 p，而此位置的項目並無子項（即：因為 2 × p 大於 N，所以 2 × p 是 storage 的無效索引位置），或者該項目的優先序大於或等於（即不小於）其子項中優先序較大者。

 dequeue() 內的陳述式的順序是關鍵。特別是在呼叫 sink(1) 之前，我們必須將 N 值減 1，否則 sink() 會將對應於最近已移出項目的 storage 索引位置誤以為還是堆積的一部分。程式的 storage[N] 設定為 None，以確保該項目不會被誤視為堆積的一部分。

若讀者要說服自己，確定 dequeue() 的邏輯正確，可考量它如何僅靠單一項目的堆積而能夠運作。在呼叫 sink() 之前，要檢索 max_entry，將 N 設為 0，因為 2 × 1 > 0，所以 sink() 不做任何作業。

本章總結

二元堆積結構為優先佇列抽象資料型別提供有效率的實作。諸多演算法（如第 7 章所述的演算法）皆採用優先佇列。

- 我們能夠以 O(log N) 效能 enqueue()（排入）某對 (值 , 優先序) 項目。
- 我們能夠以 O(log N) 效能 dequeue()（移出）最高優先序的項目。
- 我們能夠以 O(1) 效能算出堆積中的項目數。

本章只聚焦於最大二元堆積。我們只需要稍微變更即可實作最小二元堆積（此種堆積中，優先序較高的項目，它的優先序號較小）。第 7 章會討論與此堆積相關的內容。只需改寫示例 4-2 的 less() 方法，以大於（>）取代小於（<）即可實作此種堆積（其他程式內容維持不變）。

```
def less(self, i, j):
    return self.storage[i].priority > self.storage[j].priority
```

雖然優先佇列可能會隨時間伸縮，不過堆積式的實作預先決定初始大小 M，用於儲存 N 個項目（N < M）。一旦堆積滿載，不能再將額外項目排入優先佇列中。此時可以自動增加（縮減）儲存陣列，類似於第 3 章所示的內容。只要我們使用幾何的大小調整（即在儲存空間滿載時，將儲存大小加倍），則 enqueue() 的整體均攤效能依然是 O(log N)。

挑戰題

1. 可以使用固定陣列 storage 作為實作佇列的資料結構，使得 enqueue()、dequeue() 作業具有高效率的 O(1) 效能。這種方法稱為環狀佇列（*circular queue*），它具有新穎的含意，即陣列的第一個值不一定是 storage[0]。而是以 first 記錄佇列中最前面的索引位置，以及 last 表示緊接著要排入值所在的索引位置，如圖 4-20 所示。

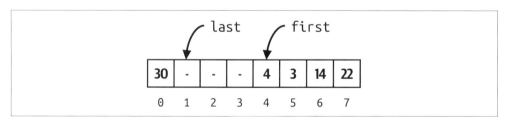

圖 4-20　以陣列作為環狀佇列

將值排入與移出時，我們需要小心存取這些值。追蹤 N 值（已存在佇列中的值數量）是有益的。讀者可以完成串列 4-4 的實作內容嗎？並驗證這些作業是否能以常數時間完成？讀者應該會希望在程式中使用模數 % 運算子吧。

示例 4-4　完成 *Queue*（環狀佇列）實作

```
class Queue:
  def __init__(self, size):
    self.size = size
    self.storage = [None] * size
    self.first = 0
    self.last = 0
    self.N = 0

  def is_empty(self):
    return self.N == 0

  def is_full(self):
    return self.N == self.size

  def enqueue(self, item):
    """ 若未填滿，則以 O(1) 效能排入項目。"""

  def dequeue(self):
    """ 若非空的，則以 O(1) 效能移出首項。"""
```

2. 將 $N = 2^k - 1$ 個元素按升序插入空的最大二元堆積（大小為 N）。當你檢查所生的潛在陣列（未用到的索引位置 0 除外）時，能否預測儲存陣列中前 k 大的值各自索引位置？若按降序將 N 個元素插入空的最大堆積中，是否可以預測 N 個值**全部**的索引位置？

3. 已知大小非別為 M、N 的兩個最大堆積，設計一個演算法，傳回大小為 M + N 的陣列，該陣列包含堆積 M、N 兩者的組合項目（以升序排列），而演算法的效能為 $O(M \log M + N \log N)$。製作執行時間表，提供演算法運作的實證。

4. 使用最大二元堆積，以 $O(N \log k)$ 效能，從 N 個元素的集合中找出前 k 小的值。製作執行時間表，提供演算法運作的實證。

5. 在最大二元堆積中，每個父項最多有兩個子項。考量某個替代策略，筆者稱之為**階乘堆積**（*factorial heap*），其中頂端項目有兩個子項；每一子項各有三個子項（筆者稱之為孫項）。每個孫項各有四個子項，依此類推，如圖 4-21 所示。在每一接連層次中，項目多一個額外的子項。此堆積依然符合堆積狀態性、堆積順序性。以陣列

儲存階乘堆積達成實作，並進行實證評估確認結果會比最大二元堆積慢。執行時間效能的分級會比較複雜，不過讀者應該能夠確定它是 O(log N/log(log N)) 等級。

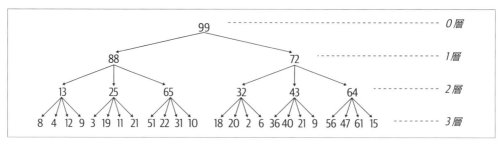

圖 4-21　階乘堆積（新穎結構）

6. 使用第 3 章的幾何大小調整策略，擴充本章的 PQ 實作，讓它自動調整儲存陣列的大小，做法是在滿載時將儲存大小加倍，而達 ¼ 滿時將大小減半。

7. 陣列式堆積資料結構的疊代器應**按值的移出順序**產生值，而無須修改潛在陣列（原因是疊代器應該沒有未曾預料的狀況）。然而，因為移出值實際上會改變堆積的結構，所以這並不容易達成。有個解法是建立 iterator(pq) 產生器函式，接納優先佇列 pq，並建立單獨的 pqit 優先佇列，pqit 的項目值是 pq 在 storage 陣列中的索引位置，pqit 的項目優先序號等於該項目值所對應的優先序號。pqit 直接存取 pq 的 storage 陣列，以記錄要傳回的項目，卻不會干擾 storage 的內容。

完成以下實作，首先將索引位置 1 插入 pqit 中，這個項目指的是 pq 中優先序最高的一對資料。完成 while 迴圈剩下的內容：

```
def iterator(pq):
  pqit = PQ(len(pq))
  pqit.enqueue(1, pq.storage[1].priority)

  while pqit:
    idx = pqit.dequeue()
    yield (pq.storage[idx].value, pq.storage[idx].priority)


    ...
```

只要原來的 pq 維持不變，此疊代器將按優先序產生每個值。

## 第五章

無魔法的奇妙排序

你將於本章學到：

- 比較式排序演算法如何要求兩個基本作業：

    — less(i,j) 判斷 A[i] < A[j] 是否成立。

    — swap(i,j) 將 A[i]、A[j] 的內容交換。

- 排序時如何提供比較器函式；例如，可以按降序排序整數或字串。比較器函式也可以針對複雜資料結構做排序（內容無須預先依特定順序排列）；例如，(x, y) 二維點集合的排序方式並不固定。

- 如何從程式碼結構分辨效率不好的 $O(N^2)$ 等級排序演算法（諸如：插入排序、選擇排序）。

- 遞迴，即函式可以呼叫自己。這個電腦科學基本概念成為分治策略的基礎。

- 合併排序、快速排序如何使用分治法以 $O(N \log N)$ 排序內有 N 個值的陣列。堆積排序還能保證有 $O(N \log N)$ 的表現。

- Tim 排序如何將插入排序與合併排序的功能結合，實作出 Python 的預設排序演算法（保證有 $O(N \log N)$ 的效能）。

本章將介紹能夠重新排列陣列中 N 個值的相關演算法（讓這些值按升序排列）。按排列順序組織值集是許多程式效率提升不可或缺的第一步。很多真實世界應用程式也需要排序作業，譬如列印員工名冊（內有員工姓名、電話），或在機場資訊看板顯示航班起飛時間。

針對無序陣列，搜尋某值，最差情況的表現是 O(N)。若陣列已排序，則二元陣列搜尋在最差情況下，是以 O(log N) 的效能找到某目標值。

用交換做排序

試著對圖 5-1 頂端的陣列 A 的值做排序。用鉛筆將圖 5-1 的值抄寫到紙上（或者拿筆直接寫在本書頁面！筆者跟讀者挑戰一下，請你反覆交換陣列內容值彼此的位置按升序排序這些值。就此需要的交換最少次為何？此外，計數內容值彼此比較次數。筆者排序這些值共做了五次的內容交換。交換次數是否能更少？[1]

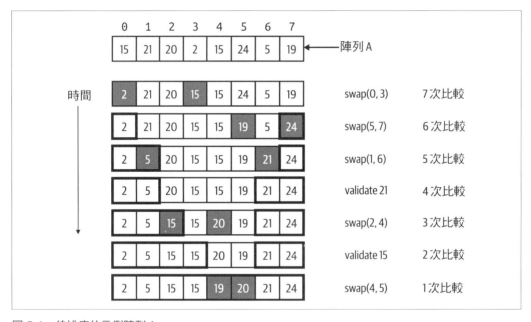

圖 5-1　待排序的示例陣列 A

---

[1] 不能。可參閱本章末尾的挑戰題。

雖然交換次數的計數很重要，不過我們還需要計數內容值彼此之間的比較次數。首先可以確定的是 2 為 A 中最小值，只需比較七次（如第 1 章所示）。在 A[3] 找到該最小值，因此將其與 A[0] 交換，把最小值移動到其所屬陣列的前頭。圖 5-1 的深灰色區塊表示內容彼此交換的值。筆者使用粗框表示確定位於最終位置的值；這些值將不會再被交換。粗框之外的值仍需排序。

接著掃描其餘內容，確認最大值為 24（經六次比較），將 A[5]、A[7] 內容交換，把最大值移到陣列尾端。隨後的其餘內容最小值是 5（經五次比較），交換 A[1]、A[6] 內容，將 5 移到正確位置。21 看來位於正確位置（驗證需用四次比較）；因此不用進行交換！

經過三次比較，其餘內容的最小值為 15，筆者決定將第二次出現的 15（即 A[4]）與 A[2] 交換。藉由兩次的比較，我們可以確定第一次出現的 15 屬於索引位置 3，此外多用一次比較，將 A[4]、A[5] 交換，把 19 移至正確位置。圖 5-1 所示的最後一步中，值 20 位於正確位置，原因是此值大於或等於它的左邊所有值，而且小於或等於它的右邊所有值。經五次交換與 28 次比較，我們完成該陣列的排序。

筆者並沒有依循特定演算法排序此一小型值集；我們有時找最小值，有時則找最大值。每次交換內容之後，比較次數會遞減，而比較次數遠多於交換次數。接著要說明一個排序演算法，可用於內含 N 個值的任何陣列，以及評估該演算法的執行時間效能。

選擇排序

以選擇排序（selection sort）命名的原因是，這個演算法針對陣列，反覆選擇其餘內容的最小值，將它交換至正確位置，從左到右遞增排序陣列項目。為了排序 N 個值，而找出最小值並將它與 A[0] 交換。因為 A[0] 已達最終結果，此時只剩下 N − 1 個值需要排序。找出其餘內容的最小值所在位置，並將其與 A[1] 交換，因而剩下 N − 2 個值要排序。反覆此程序，直到所有值都就正確位置。

當其餘內容的最小值已處於正確位置時，即當 i 等於 min_index（for 迴圈 j 完成之際），會發生什麼情況？程式試圖將 A[i] 與 A[min_index] 交換，而陣列任何內容都不會更改。你可能會想加入 if 陳述式判斷，僅於 i 與 min_index 不同時才會交換，但是這不會顯著提升效能。

示例 5-1，有個外層 for 迴圈 i，遍歷陣列中近乎全部的索引位置（從 0 到 N − 2）。內層 for 迴圈 j 遍歷陣列中其餘索引位置（從 i + 1 到 N − 1），找到其餘內容的最小值。for 迴圈 i 的結尾會將索引位置 i 的內容值與索引位置 min_index 處的最小值交換。

示例 5-1　選擇排序

```
def selection_sort(A):
  N = len(A)
  for i in range(N-1):              ❶
    min_index = i                   ❷
    for j in range(i+1, N):
      if A[j] < A[min_index]:       ❸
        min_index = j

    A[i],A[min_index] = A[min_index],A[i]   ❹
```

❶ 在 for 迴圈的每次疊代作業之前，A[0 .. i-1] 已排序。

❷ min_index 是 A[i .. N-1] 中最小值的索引位置。

❸ 若 A[j] < A[min_index]，則更新 min_index，儲存此最小值的索引位置。

❹ 將 A[i] 與 A[min_index] 交換，確保 A[0 .. i] 已完成排序。

以高層次而論，選擇排序從大小 N 的問題開始處理，逐次減一步，首先是大小 N－1 的問題，然後是大小 N－2 的問題，直到整個陣列被排序。如圖 5-2 所示，**陣列排序需要 N－1 次的交換**。

經過這些交換作業將 N－1 個值正確放到最終位置之後，A[N－1] 是其餘未排序內容的最大值，表示它已處於最終位置。比較次數的計數則更為複雜。圖 5-2 的結果是 28，此為數值從 1 加到 7 的總和。

以數學而言，數值從 1 加到 K 的總和等於 K×(K＋1)/2；圖 5-3 顯示的視覺化內容為此公式背後的直覺效果。數值 28 被稱為**三角形數**（*triangle number*），源於格點排列而成的形狀。

若我們讓第二個三角形的大小等於第一個三角形，並將第二個三角形旋轉 180 度，則兩個三角形組合形成 K×(K＋1) 的矩形。每個三角形中正方形的數量是 7 x 8 矩形中正方形數量的一半。在此圖中，K＝7。當排序 N 個值時，K＝N－1，原因是此為找最小值第一步的比較次數：比較總數為 (N－1)×N/2 或 ½×N² －½×N。

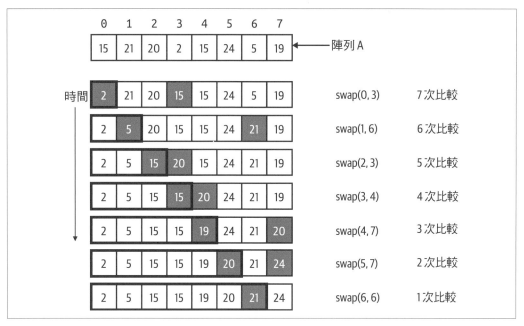

圖 5-2　用選擇排序演算法排序示例陣列

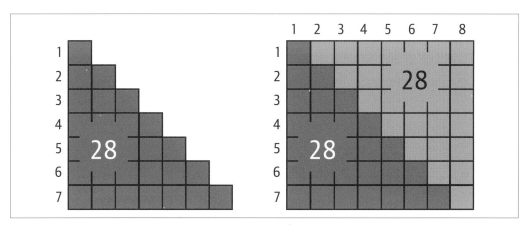

圖 5-3　三角形數值的公式視覺化：從 1 加到 7 的總和為 28

二次等級排序演算法的剖析

就選擇排序的分析顯示，比較次數由 N^2 項所主導，因為此為主要作業，如此表示該演算法的效能是 O(N^2)。若要解釋原因，可觀察排序 N 個值時，選擇排序如何呈現 N − 1 個不同步驟。第一步會在 N − 1 次比較中找出最小值，而僅有一個值被移到正確位置。在隨後的每個步驟（共 N − 2 個步驟）中，比較次數將（非常緩慢的）遞減，到最後一步無工作可做為止。可以減少比較的數量嗎？

插入排序（insertion sort）是另一種排序演算法，也使用 N − 1 個不同步驟從左到右排序陣列內容。首先假設 A[0] 位於正確位置（嘿，它可能是陣列中最小值，對吧？）。第一步檢查 A[1] 是否小於 A[0]，並依需求交換兩者，按升序做排序。第二步在僅考量前三個值的情況下，將 A[2] 值插入正確的排序位置。有三種可能：A[2] 在正確位置；應該將它插入 A[0]、A[1] 之間；或者應該將它插入 A[0] 之前。然而，因為無法在陣列兩位置之間插入值，因此必須反覆交換值，為待插入值騰出空間。

每一步結束時，插入排序反覆交換相鄰的無序值，如圖 5-4 所示。

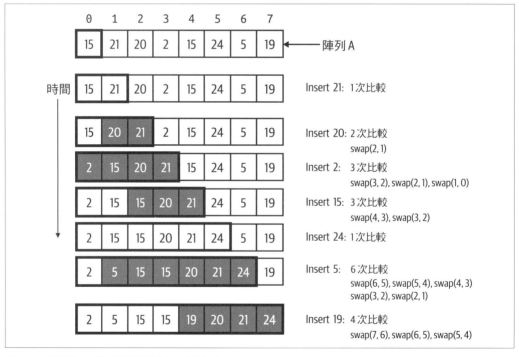

圖 5-4　使用插入排序演算法排序示例陣列

深灰色區塊表示已交換的值，粗框表示陣列中已排序的值。與選擇排序不同的是，粗框內的值可能會繼續進行交換，如圖所示。有時（譬如插入值 5 時）因為待插入的值小於已排序的大多數值，所以會有一連串交換作業將該值移到正確位置。有時（譬如插入 21、24 時），因為待插入的值大於已排序的每個值，所以不需要交換。此示例有 20 次比較、14 次交換。對於插入排序，比較次數將一直大於或等於交換次數。在此問題實例中，插入排序的比較次數比選擇排序少，不過交換次數比較多。示例 5-2 的實作相當簡短。

示例 *5-2　插入排序*

```
def insertion_sort(A):
  N = len(A)
  for i in range(1,N):          ❶
    for j in range(i,0,-1):     ❷
      if A[j-1] <= A[j]:        ❸
        break
      A[j],A[j-1] = A[j-1],A[j] ❹
```

❶ 在 for 迴圈 i 的每次疊代作業之前，A[0 .. i-1] 已排序。

❷ j 值從索引位置 i 遞減至 0（不包括 0）。

❸ 若 A[j-1] ≤ A[j]，則 A[j] 為正確位置，因而停止運作。

❹ 否則，交換這些無序值。

當要插入的每個值都小於已排序的所有值時，插入排序的效果最差。插入排序的*最差*情況為內容值按降序排列時。在每個連續步驟中，比較（以及交換）數量加一，總和為前面提到的三角形數。

插入排序與選擇排序的效能分析

排序 N 個值時，選擇排序將有 $\frac{1}{2} \times N^2 - \frac{1}{2} \times N$ 次比較、$N-1$ 次交換。因為插入排序的效能取決於內容值順序，所以插入排序的作業計數較複雜。平均來說，插入排序的效能應優於選擇排序。插入排序的*最差*情況下，值按降序呈現，比較和交換次數為 $\frac{1}{2} \times N^2 - \frac{1}{2} \times N$。無論執行什麼作業，插入排序、選擇排序都需要 N^2 等級的比較，如此造就的執行時間效能如圖 5-5 的視覺化內容。詮釋這種不佳行為的另一種方法是觀測問題實例大小 524,288，其為 1,024 的 512 倍，而選擇排序與插入排序的執行時間大約需 275,000 倍 [2]。對於排序 524,288 個值來說，插入排序大約需要二個小時，而選擇排序則需要將近

---

2 275,000 約為 512 的平方。

四個小時。若要解決更大的問題，則我們需要以天或周為單位來測量完成時間。這就是二次演算法（O(N²)）的行為表現，簡直是無法接受的效能。

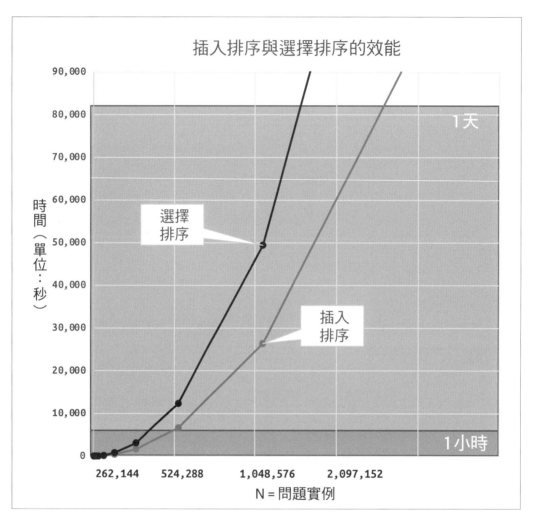

圖 5-5　插入排序和選擇排序的計時結果

若要按降序排序陣列，該怎麼辦？或者，若值為複雜結構，並且沒有定義預設的**小於**作業，該怎麼辦？本章的每個排序演算法都能以比較器函式的參數擴充，進而決定如何排序內容值，如示例 5-3 所示。為求簡化，其餘演算法的實作假設值按升序排序。

示例 5-3　供排序演算法使用的比較器函式

```
def insertion_sort_cmp(A, less=lambda one,two: one <= two):
  N = len(A)
  for i in range(1,N):
    for j in range(i,0,-1):
      if less(A[j-1], A[j]):        ❶
        break
      A[j],A[j-1] = A[j-1],A[j]
```

❶ 使用特定的比較器函式 less 決定排序順序。若 less(A[x],A[y]) 為 True，則 A[x] 應
在 A[y] 之前。

選擇排序與插入排序皆以 N − 1 個步驟排序內有 N 個值的陣列，其中每一步僅將問題大
小減一。另有一種策略稱作**分治**（*divide and conquer*），將一個問題分解成兩個待解的
子問題。

遞迴與分治法

遞迴（*recursion*）的概念已存在於數學領域中好幾個世紀——即函數叫用自己。

 費氏數列（*Fibonacci series*）以兩個整數（0、1）開頭。數列中下個整
數是前兩個數之和。因此該數列中前幾個整數是 1、2、3、5、8、13 等
等。數列中第 n 個整數的遞迴公式為 F(n) = F(n–1) + F(n–2)。如讀者所
見，F(n) 的定義內容是叫用自身兩次而成的。

N（整數）的階乘是所有小於或等於 N 之正整數的乘積。以「N!」表示；因此
5! = 5 × 4 × 3 × 2 × 1 = 120。該運算的另一種表示方式是 N! = N × (N − 1)!。例如，
120 = 5 × 4!，其中 4! = 24。遞迴實作如示例 5-4 所示。

示例 5-4　階乘實作（利用遞迴方式）

```
def fact(N):
  if N <= 1:            ❶
    return 1
  return N * fact(N-1)  ❷
```

❶ 基本情況：若 facet(1) 或 N ≤ 1 則傳回 1。

❷ 遞迴情況：遞迴計算 fact(N-1) 並將結果乘以 N。

函式叫用自己似乎並非常態——我們怎麼能確定它不會永遠叫用不停呢？每個遞迴函式都有一個避免這種無限行為的**基本情況**（*base case*）。fact(1) 會傳回 1 而不會呼叫自己[3]。至於**遞迴情況**（*recursive case*）下，fact(N) 以 N – 1 作為引數而呼叫自己，並將傳回的結果乘以 N，得到最終結果。

圖 5-6 為陳述式 y = fact(3) 隨時間往下進展的視覺化內容。每一區塊表示就給定引數（3、2、1）叫用 fact() 的情形。fact(3) 的叫用會遞迴呼叫 fact(2)。此時，原來的 fact(3) 函式將被「暫停」（圖中以淺灰色表示），直到得知 fact(2) 的結果值。當叫用 fact(2) 時，它也必須遞迴呼叫 fact(1)，因此 fact(2) 會被暫停（圖中以灰色表示），直到得知 fact(1) 的結果值。最後，就此處而言，基本情況會停止遞迴運作，fact(1) 傳回 1 作為其結果值（以虛線圓圈標示）；如此已暫停的 fact(2) 將恢復執行，並傳回 2（2 × 1 = 2）作為其結果值。最後，原來的 fact(3) 恢復運作，傳回 6（3 × 2 = 6），而將 y 值設為 6。

遞迴運作期間，可以讓不限數量的 fact(N) 叫用暫停運作，至基本情況為止[4]。然後，遞迴一次「解開」一個函式叫用，直到原始叫用作業完成。

檢視該演算法可知，對於解決大小 N 的問題，它仍然將大小 N 的問題簡化為較小的 N – 1 問題來處理。如果大小 N 的問題可以分成大小約莫為 N/2 的兩個問題，該怎麼辦呢？這種運算似乎可以永遠持續下去，原因是這兩個子問題可進一步細分為四個大小為 N/4 的子問題。幸好基本情況將確保——在某處——完成整個運算。

以一個熟悉的問題為例，試圖在內有 N 個值的無序陣列找最大值。示例 5-5 的 find_max(A) 叫用遞迴輔助函式[5]，rmax(0,len(A)-1)，用於設定 lo = 0、hi = N – 1 的對應初始值，其中 N 是 A 的長度。rmax() 的基本情況是在 lo = hi 時會停止遞迴作業，而這表示僅在含有單一值的範圍內找最大值。一旦左右子題取得最大值，rmax() 將傳回這兩值中較大者作為 A[lo .. hi] 的最大值。

3　為了避免因無限遞迴而讓 Python 直譯器死當，若給定小於或等於 1 的任何整數時，此程式將傳回 1。

4　技術上，Python 的遞迴深度限制是小於 1,000，以防止 Python 直譯器死當。

5　rmax 為 *recursive max*（遞迴最大值）的縮寫。

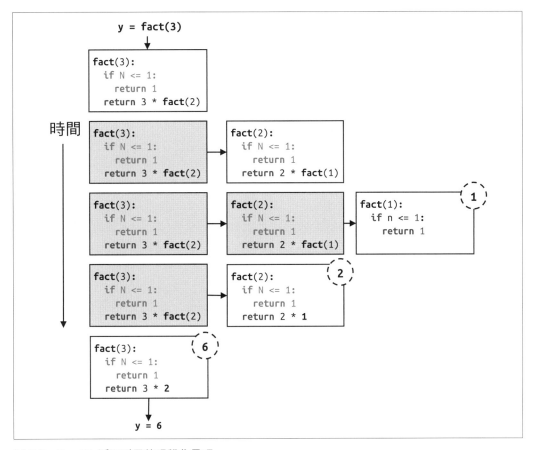

圖 5-6 fact(3) 遞迴叫用的視覺化呈現

示例 5-5　找出無序串列中最大值的遞迴演算法

```
def find_max(A):

    def rmax(lo, hi):
        if lo == hi: return A[lo]        ❷

        mid = (lo+hi) // 2               ❸
        L = rmax(lo, mid)                ❹
        R = rmax(mid+1, hi)              ❺
        return max(L, R)                 ❻

    return rmax(0, len(A)-1)             ❶
```

❶ 針對 lo、hi，選用對應引數叫用起初的遞迴呼叫。

❷ 基本情況：若 lo == hi，A[lo .. hi] 範圍內有單一值；將其視為最大值傳回。

❸ 在 A[lo .. hi] 範圍內找出中點索引位置。在具有奇數個內容的範圍情況下，使用整數除法 //。

❹ L 是 A[lo ..mid] 範圍中最大值。

❺ R 是 A[mid+1 .. hi] 範圍中最大值。

❻ A[lo .. hi] 中最大值是 L 與 R 中最大者。

函式 rmax(lo, hi) 將大小為 N 的問題分成兩個大小為一半的問題，遞迴的解決此問題。圖 5-7 視覺化呈現 rmax(0,3) 的執行情形（針對給定的陣列 A，該陣列具有四個值）。解決這個問題的做法是解決兩個子問題：rmax(0,1) 找出 A 左半邊的最大值，rmax(2,3) 找出 A 右半邊的最大值。由於 rmax() 本身執行兩次遞迴叫用，因此接著要放入新的視覺化內容，描述 rmax() 中暫停執行之處。筆者仍然使用淺灰色背景表示 rmax() 因進行遞迴呼叫而暫停運作：此外，一旦遞迴叫用傳回時，將執行黑色背景區域的各行程式碼。

圖 5-7 的篇幅僅顯示三個遞迴呼叫的完成情況，確定 21 是 A 左邊最大值。如讀者所見，rmax(0,3) 叫用區塊中最後兩行以黑色背景表示，提醒我們隨著 rmax(2,3) 的遞迴呼叫而將恢復剩餘的運算。三個額外遞迴叫用的一組類似序列將完成右邊子問題，最終讓原始遞迴叫用 rmax(0,3) 傳回 max(21,20) 作為結果。

圖 5-8 視覺化呈現 rmax(0,7) 的完整遞迴行為。與 fact() 的詮釋類似，此圖表示在遞迴計算第一個子問題 rmax(0,1) 時，rmax(0,3) 的叫用暫停運作的情形。將原本的問題反覆細分，直到 rmax() 的叫用所採取的參數 lo、hi 兩者內容相等時；因為有 N = 8 個值，這樣的情況在該圖中發生了八次。這八個情況各自視為一個基本情況（讓遞迴停止作業的情況）。如圖 5-8 所示，最大值為 24，並以淺灰色表示傳回此值的 rmax() 遞迴叫用。

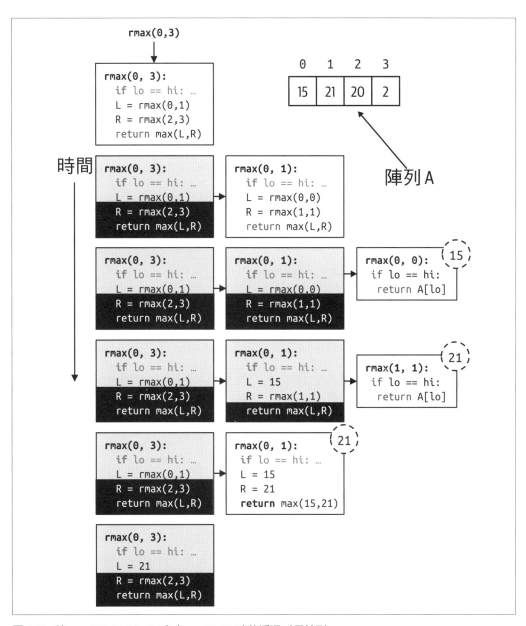

圖 5-7　就 A = [15,21,20,2] 呼叫 rmax(0,3) 時的遞迴叫用情形

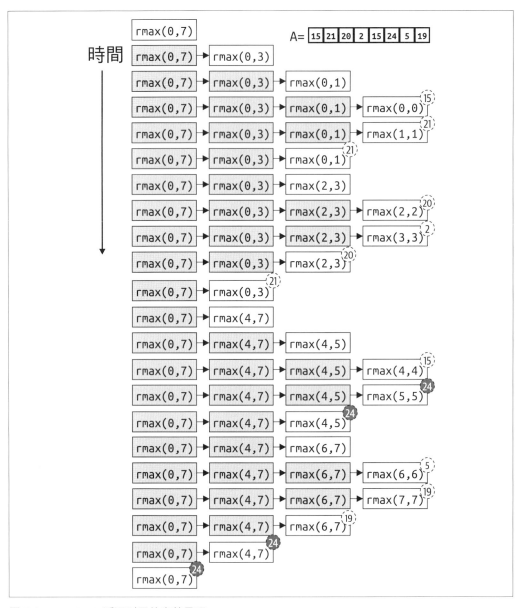

圖 5-8　rmax(0,7) 遞迴叫用的完整呈現

合併排序

受這些示例的啟發，我們此時可以發問：「是否有遞迴分治法可排序陣列？示例 5-6 有
個重要概念：若要對陣列排序，則分別遞迴排序陣列左半部與右半部；接著以某種方式
合併這些部分結果，確保完成整個陣列的排序。

示例 5-6　遞迴排序概念

```
def sort(A):

  def rsort(lo, hi):          ❶
    if hi <= lo: return       ❷

    mid = (lo+hi) // 2
    rsort(lo, mid)            ❸
    rsort(mid+1, hi)
    merge(lo, mid, hi)        ❹

  rsort(0, len(A)-1)
```

❶ 用於 A[lo .. hi] 排序的遞迴輔助方法。

❷ 基本情況：已排序內有一個值或少數值的範圍。

❸ 遞迴情況：排序 A 的左半部與右半部。

❹ 將陣列中已排序的兩半原地合併。

示例 5-6 的結構與示例 5-5 描述的 find_max(A) 函式相同。完成此實作即可造就出合併排
序（merge sort），此為原地（in-place）遞迴排序演算法，雖然需要額外的儲存空間，
不過為我們正在尋找的解法帶來突破，即 O(N log N) 的排序演算法。

合併排序的關鍵是 merge 函式，它將陣列已排序的左半部分與已排序的右半部原地合
併。若要將兩疊已排序的紙張，合併成一疊完整排序的紙堆，則可能對 merge() 的運作
機制並不陌生，如圖 5-9 所示。

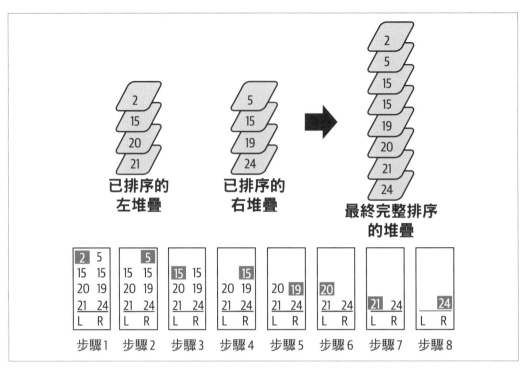

圖 5-9　將兩堆疊合併成一個堆疊

若要將這兩個堆疊合併到一個堆疊中，可查看每個堆疊最上面的值，選值最小的那個堆疊。在前兩步中，從左邊堆疊移除 2，接著從右邊移除 5。若碰到兩者的值相同時，可（隨意選）從左邊堆疊中取值，首先從左邊堆疊移除 15，接著移除右邊堆疊的 15。重複執行此程序，直到其中一個堆疊為空（此例最終發生於第八步）。若僅剩一個堆疊有值，只需將其中這些值集合處理（它們已是排序的狀態）。

圖 5-9 中呈現的合併程序能夠運作的原因是，這些值被放在額外的儲存空間中。實作合併排序最有效的方法是，初始配置的額外儲存空間等於待排序之原陣列的大小，如示例 5-7 所示。

示例 5-7　遞迴合併排序的實作

```
def merge_sort(A):
  aux = [None] * len(A)        ❶

  def rsort(lo, hi):
    if hi <= lo: return        ❷
```

```
    mid = (lo+hi) // 2
    rsort(lo, mid)                ❸
    rsort(mid+1, hi)
    merge(lo, mid, hi)

def merge(lo, mid, hi):
    aux[lo:hi+1] = A[lo:hi+1]     ❹

    left = lo                     ❺
    right = mid+1

    for i in range(lo, hi+1):
      if left > mid:              ❻
        A[i] = aux[right]
        right += 1
      elif right > hi:            ❼
        A[i] = aux[left]
        left += 1
      elif aux[right] < aux[left]: ❽
        A[i] = aux[right]
        right += 1
      else:
        A[i] = aux[left]          ❾
        left += 1

  rsort(0, len(A)-1)              ❿
```

❶ 配置與原陣列大小相等的輔助儲存空間。

❷ 基本情況：對於 1 個值或少數值而言，不用排序。

❸ 遞迴情況：分別排序左、右子陣列，然後合併。

❹ 將排序後的子陣列從 A 複製到 aux，準備合併。

❺ 將 left、right 設為相關子陣列的起始索引位置。

❻ 若左子陣列已為空，則從右子陣列取值。

❼ 若右子陣列已為空，則從左子陣列取值。

❽ 若右邊值小於左邊值，則從右子陣列取值。

❾ 若左邊值小於或等於右邊值，則從左子陣列取值。

❿ 叫用初始遞迴呼叫。

圖 5-10 為 merge() 動態行為的視覺化呈現。merge(lo,mid,hi) 的第一步是將元素從 A[lo .. hi] 複製到 aux[lo .. hi] 中,而此為排序中的子問題範圍。

for 迴圈 i 將執行 8 次疊代作業,而此為兩個待合併子問題的總大小。從圖 5-10 的第三列開始,變數 left、right、i 分別記錄特定位置:

- left 是待合併的左子陣列中下個值的索引位置。

- right 是待合併的右子陣列中下個值的索引位置。

- i 是 A 中的索引位置,其中連續複製較大值,直到最後一步:A[lo .. hi] 中所有值皆已完成排序。

在 for 迴圈中,至多將比較 aux 的兩個值(如圖 5-10 深灰色區塊所示)找出較低者,然後將此值複製到 A[i] 中。i 值會隨著每一步遞增,而 left、right 內容變動,僅於「aux[left] 或 aux[right] 的值」等於「要複製到 A 中的下個最小值」時才會發生。merge() 的完成時間與子問題的組合大小(或 hi – lo + 1)成正比。

合併排序是分治演算法的好例子,保證有 O(N log N) 的效能。若你遇到的問題,滿足下列確認項目,則存在 O(N log N) 的演算法:

- 若可以將大小為 N 的問題拆分為大小為 N/2 的兩個獨立子問題;某個子問題比另一個子問題略大也無妨。

- 若基本情況是什麼都不做(如合併排序),或能以常數時間執行某些作業。

- 如果有個處理步驟(在對問題進行細分之前或後續作為後處理步驟)所需的時間與子問題中內容值個數成正比。例如 merge() 的 for 迴圈反覆執行的次數等於待解子問題的大小。

快速排序

另一種採用分治的排序演算法是快速排序(quicksort),這是目前為止研究最多、效率最高的其中一種排序演算法[6]。該演算法選擇 A 中元素作為基準值(pivot value）p,遞迴的排序陣列,然後將 p 插入最終的排序陣列中正確位置。為此,它重新排列 A[lo.. hi] 的內容,使得左子陣列的值是 ≤ p,而右子陣列的值 ≥ p。我們可以由圖 5-11 確認分割的陣列是否具有此性質。

---

6 快速排序是由 Tony Hoare 於 1959 年發明,已有 50 多年的歷史!

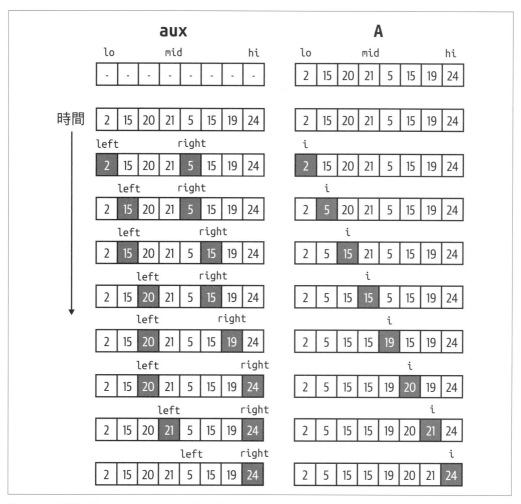

圖 5-10　兩個子陣列（大小為 4、內容已排序）的逐步合併

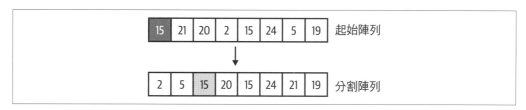

圖 5-11　partition(A,0,7,0) 的結果（使用 A[0] 為基準）

此一驚人的結果乍看之下似乎是不可能的——我們如何知道 p 在完整排序陣列中所在的位置，而不用實際排序整個陣列？結果是，分割不會排序 A 的所有元素，只是基於 p 重新排列某些元素。第 1 章的挑戰題有 partition() 的實作。圖 5-11 執行完 partition() 後，待排序的左子陣列包含兩個值，而右子陣列包含五個值。這些子陣列各自以快速排序做遞迴排序，如示例 5-8 所示。

示例 5-8　快速排序的實作（遞迴方式）

```
def quick_sort(A):

  def qsort(lo, hi):
    if hi <= lo:                              ❶
      return

    pivot_idx = lo                            ❷
    location = partition(A, lo, hi, pivot_idx) ❸

    qsort(lo, location-1)                     ❹
    qsort(location+1, hi)

  qsort(0, len(A)-1)                          ❺
```

❶ 基本情況：對於 1 個或少數值而言，不用排序。

❷ 選 A[lo] 作為基準值 p。

❸ 傳回 A 中 location，使得：

  • A[location] = p

  • 左子陣列 A[lo .. location−1] 中所有值皆 ≤ p

  • 右子陣列 A[location+1 .. hi] 中所有值都 ≥ p

❹ 遞迴情況：因為 p 已經位於正確排序位置 A[location]，原地排序左、右子陣列。

❺ 叫用初始遞迴呼叫。

快速排序展現出簡明的遞迴解法，成功與否取決於分割函式。例如，若對內含 N 個值的子陣列 A[lo.. hi] 叫用 partition()，並以子陣列中最小值作為基準值，則分出的左子陣列為空，而右子陣列含有 N – 1 個值。將子問題大小減 1 即為插入排序、選擇排序的執行方式 —— 屬於效率不佳的 O(N²) 排序。圖 5-12 的上半部概括呈現圖 5-11 陣列的快速排序關鍵步驟。圖 5-12 的下半部顯示完整的遞迴執行情形。下半部的右邊，我們可以看到正在排序的陣列 A，以及遞迴執行之際的內容值變化情形。對於範圍 A[lo .. hi] 的每個分割，所選的基準值始終為 A[lo]，此為每個數值方框皆取用 partition(lo,hi,lo) 的原因。圖中隨著時間垂直向下移動，我們可以看到每個 partition() 叫用如何引起 1 或 2 次的 qsort() 遞迴叫用。例如，針對 A 來說，partition(0,7,0) 將值 15 放在最終的索引位置（右邊以淺灰色表示），因而引起後續兩次遞迴叫用：左子陣列的 qsort(0,1)、右子陣列的 qsort(3,7)。qsort(3,7) 的叫用直到 qsort(0,1) 完成作業後才會開始。

每次叫用 partition 時，都會將不同的值放入正確的索引位置並以淺灰色表示。當在 lo = hi 的範圍叫用 qsort(lo,hi) 時，該值位於正確位置，也會以淺灰色表示。

若 partition(lo,hi,lo) 只產生單一的 qsort() 遞迴呼叫，則表示基準值被放在 A[lo] 或 A[hi] 中，因而將問題大小減 1。譬如，示例 5-8 所示的實作，當針對內容值已排序的陣列叫用時，快速排序的效能會降為 O(N²) 級！為了避免這種行為，快速排序往往改成從 A[lo .. hi] 範圍內隨機選擇基準值，做法是將示例 5-8 的 pivot_idx = lo 改為 pivot_idx = random.randint(lo, hi)。經幾十年的研究證實，理論上始終有個可能性：即在最差情況下，快速排序的執行時間效能為 O(N²)。儘管有這個弱點，不過快速排序通常是首選的排序演算法，原因是它不需要任何額外的儲存空間（這點與合併排序不同）。檢視快速排序的結構，我們可以看到它符合 O(N log N) 演算法確認項目。

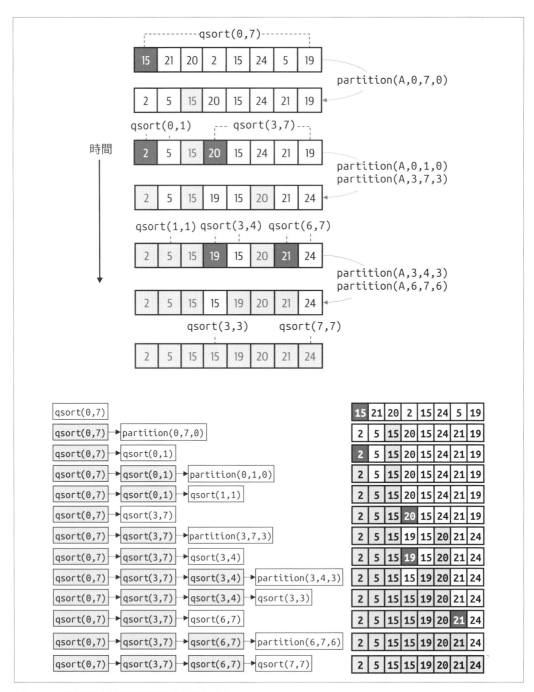

圖 5-12　快速排序的遞迴叫用（完整內容）

達成 O(N log N) 的另一種方法是運用 N 個步驟，其中每個步驟的執行時間效能為 O(log N)。接下來要利用上一章介紹的堆積資料結構，說明堆積排序（heap sort），此演算法的執行時間效能為 O(N log N)。

堆積排序

為了理解最大二元堆積能夠協助陣列的排序，以圖 5-13 為例，其中顯示圖 4-17 堆積的陣列儲存。A 中最大值位於 A[1]。若移出該最大值，將更新潛在陣列儲存內容，表示修改後的最大二元堆積（其中少了一個值）。更重要的是，索引位置 A[18] 不僅未用到，而且若排序陣列，此處即是應該含有最大值的索引位置。只需將移出的值置於這裡即可。執行另一個移出作業，可將移出值（堆積的第二大值）放在索引位置 A[17]（目前未使用）。

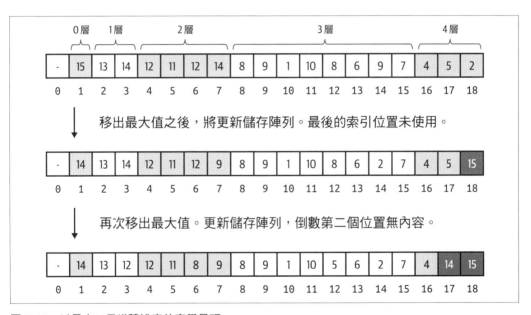

圖 5-13　以最大二元堆積排序的直覺呈現

為了讓這種大有可為的方法運作，我們需要解決下列議題：

- 堆積資料結構忽略索引位置 0 的值，藉由大小為 N + 1 的陣列儲存 N 個值來簡化運算。

- 堆積起初為空，而每次只排入一個新值。最初從 N 個值開始排序，需要有效率的方法將所有值「大量上載」。

讓我們來修正索引位置的計算方式。原堆積有 18 個元素（如圖 5-13 所示）儲存於大小為 19 的陣列中。對 A[i] 的參考使用以 1 起始的索引，如此表示 A[1] 儲存堆積的第一個值，而 A[N- 1] 儲存最後一個值。示例 5-9 的 less(i,j)、swap(i,j) 函式在存取 A[i]、A[j] 時 i、j 會減 1。這讓以 1 為起始的索引可用於以 0 為起始的陣列儲存中。堆積的最大值目前位於 A[0]。當 sort() 函式出現 swap(1, N) 時，實際上將 A[0]、A[N-1] 的值做交換。利用此一小調整，sink() 方法內容不變。請注意，堆積排序不會用到 swim()。

示例 5-9　堆積排序實作

```
class HeapSort:
  def __init__(self, A):
    self.A = A
    self.N = len(A)

    for k in range(self.N//2, 0, -1):        ❷
      self.sink(k)

  def sort(self):
    while self.N > 1:                        ❸
      self.swap(1, self.N)                   ❹
      self.N -= 1                            ❺
      self.sink(1)                           ❻

  def less(self, i, j):
    return self.A[i-1] < self.A[j-1]         ❶

  def swap(self, i, j):
    self.A[i-1],self.A[j-1] = self.A[j-1],self.A[i-1]
```

❶ 為了確保 i // 2 算出 i 的父項索引位置，less()、swap() 將 i、j 減 1，兩者採用以 1 起始的索引。

❷ 將待排序的陣列 A 轉換為最大二元堆積（由下而上的方式，從 N//2——至少有個子項的最高索引位置——開始）。

❸ 只要有待排序的值，while 迴圈就會持續進行。

---

❹ 與堆積中最後一個值交換而將最大值移出。

❺ 將堆積的大小減一，使得即將要執行的 sink() 能夠運作。

❻ 將新交換的值下沉至正確位置，而重建堆積順序性。

堆積排序最重要的步驟是從要排序的原陣列建構初始最大二元堆積。HeapSort 的 for 迴圈可完成此工作，結果如圖 5-14 所示，全部僅需要 23 次比較、5 次交換。該 for 迴圈從索引位置 N//2（至少有個子項的最高索引位置）開始，從下到上建構堆積。for 迴圈以相反順序在第 k 個索引位置叫用 sink()，最終確保陣列的所有值都滿足堆積順序性。這些索引位置在圖 5-14 中以粗框表示。

藉由相當出乎意料的理論分析，在**最差情況**下，將任何陣列轉換為最大二元堆積所需的比較總次數不會超過 2N。該結果背後的直覺呈現如圖 5-14 的比較總數所示，其中顯示穩定而緩慢的成長率。筆者就最大二元堆積的計算層次用淺灰色與白色區塊持續交錯描繪 A 中索引位置，呈現於層次間交換值的情形。

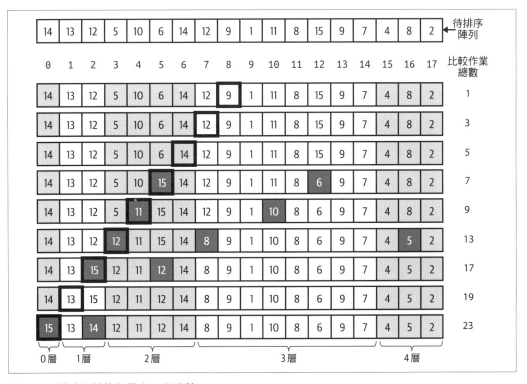

圖 5-14　將陣列轉換為最大二元堆積

圖 5-14 的最後一列為最大二元堆積——事實上,與圖 4-16 所述內容的完全一樣,在此偏移一個索引位置以使用全部(N 個)索引位置。示例 5-9 的 `sort()` 函式目前反覆交換堆積的最大值與最後一個值(使用圖 5-13 所示的技巧),結果是將該值放在排序完成的陣列中正確位置。接著 `sort()` 將堆積大小減 1,而 `sink()` 正確的重建堆積順序性(執行時間效能為 O(log N)),如第 4 章所述。

O(N log N) 等級演算法的效能比較

在此所述的各種排序演算法——全部屬於 O(N log N) 等級——其執行時間效能如何彼此相較?讓我們從某些實證結果開始討論,如表 5-1 所示。由上往下解讀某行的數值,顯示的是某個演算法隨問題大小加倍的執行時間結果;我們可以看到,每個計時數值是前值的兩倍多一些。這樣的相對效能是 O(N log N) 演算法的行為特徵。

表 5-1 各種排序演算法的執行時間(單位:秒)

N	合併排序	快速排序	堆積排序	Tim 排序	Python 排序
1,024	0.002	0.002	0.006	0.002	0.000
2,048	0.004	0.004	0.014	0.005	0.000
4,096	0.009	0.008	0.032	0.011	0.000
8,192	0.020	0.017	0.073	0.023	0.001
16,384	0.042	0.037	0.160	0.049	0.002
32,768	0.090	0.080	0.344	0.103	0.004
65,536	0.190	0.166	0.751	0.219	0.008
131,072	0.402	0.358	1.624	0.458	0.017
262,144	0.854	0.746	3.486	0.970	0.039
524,288	1.864	1.659	8.144	2.105	0.096
1,048,576	3.920	3.330	16.121	4.564	0.243

目前就每一列而言,每個演算法的絕對執行時間都不一樣。第 2 章討論過同級的不同行為取決於乘常數差異。在此的表格呈現觀測的證據。一旦問題大小足夠大,快速排序比合併排序約莫快 15%,而堆積排序速度將慢四倍以上。

表 5-1 中最後兩行是 Tim 排序演算法(由 Tim Peters 於 2002 年針對 Python 發明的新排序演算法)效能。該演算法迅速成為主要程式語言(如:Java、Python、Swift)採用的標準排序演算法。「Tim 排序」行呈現 Tim 排序簡化版實作的執行時間,此實作也突顯出 O(N log N) 行為。最後一行的「Python 排序」表示使用 list 資料型別內建的 `sort()` 方法所致的執行時間。因為該方法為內部實作,所以自然是最有效率的——正如你所

見，它比快速排序快 15 倍左右。Tim 排序值得我們研究，它將兩種排序演算法混合，進而達到突出的效能。

Tim 排序

Tim 排序以嶄新方式將插入排序與源於合併排序的 merge() 輔助函式組合，衍生出快速的排序演算法，針對真實世界資料的效能表現，可優於其他排序演算法。尤其 Tim 排序動態的利用部分已排序資料的長序列優勢，而造就極為突出的結果。

如示例 5-10 所示，Tim 排序首先以 compute_min_run() 對已算出 size 的 N/size 子陣列做部分排序。size 通常是介於 32 與 64 之間的整數，這表示我們可以將此數值視為與 N 無關的常數。此階段確保存在部分資料已排序的序列，此乃改進 merge() 的行為（merge() 為合併排序的輔助函式，它將兩個已排序的子陣列合而為一）。

示例 5-10　Tim 排序的基本實作

```
def tim_sort(A):
  N = len(A)
  if N < 64:                               ❶
    insertion_sort(A,0,N-1)
    return

  size = compute_min_run(N)                ❷
  for lo in range(0, N, size):             ❸
    insertion_sort(A, lo, min(lo+size-1, N-1))

  aux = [None]*N                           ❹
  while size < N:
    for lo in range(0, N, 2*size):
      mid = min(lo + size - 1, N-1)        ❺
      hi  = min(lo + 2*size - 1, N-1)
      merge(A, lo, mid, hi, aux)           ❻

    size = 2 * size                        ❼
```

❶ 針對小型陣列的排序改用插入排序實現。

❷ 計算 size——通常介於 32 和 64 之間的值——作為待排序子陣列的長度。

❸ 排序每個子陣列 A[lo .. lo+size-1]（使用插入排序），若最後的子陣列較小，則特殊處理。

❹ merge() 使用的額外儲存空間等於原陣列大小。

❺ 計算兩個待合併子陣列的索引位置 A[lo..mid] 和 A[mid+1 ..hi]。要特別注意部分子陣列。

❻ 以子陣列合併來排序 A[lo .. hi]，用 aux 作為輔助儲存。

❼ 一旦長度為 size 的子陣列皆與另一個子陣列合併，則可以開始 while 迴圈的下個疊代作業，合併兩倍大的子陣列。

輔助儲存 aux 被配置一次，供 merge() 的每次叫用時使用。Tim 排序實際實作的邏輯較為複雜，可用於找尋升序或完全降序的子陣列；它還會有更複雜的合併函式，可以「一次全部」合併組值，筆者在此呈現的 merge() 函式一次處理一個值。簡化版的實作（行為如圖 5-15 所示）包含基本結構。鑒於排序演算法的廣泛研究，令人驚訝的是，本世紀發現的一種新排序演算法，對於處理真實世界資料集來說，已被證明是相當有效率的。

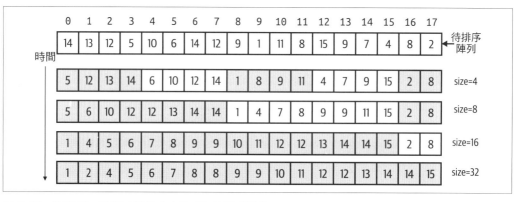

圖 5-15　採用 Tim 排序（初始大小為 4）的陣列變化

圖 5-15 呈現 Tim 排序的運作情形，min_run 為 4，讓過程較容易視覺化。第一步使用插入排序對大小為 4 的四個子陣列排序；最後兩個值（2、8）位於長度為 2 的子陣列中。這些已排序子陣列以淺灰色與白色區域交相區隔表示。將有 N/size 個已排序子陣列（若原陣列的長度無法被 size 整除，則可能還會多一個）。之前已顯示，排序 size 個值的執行時間與 size × (size −1)/2 成正比 —— 由於這種情形發生 N/size 次，因此總執行時間與 N × (size − 1)/2 成正比。因為可將 size 視為常數，所以此初始階段被歸為 O(N) 等級。

第二階段，將相鄰運作內容成對合併。merge() 叫用的總累計時間與 N 成正比（正如之前在合併排序中所述）。while 迴圈的第一次疊代作業後，已排序子陣列的大小加倍到 8，如圖 5-15 的淺灰色區域所示。此範例有三次疊代作業，size 從 4 到 32（大於 N）持續加倍。一般而言，從大小為 size 的已排序子陣列開始，while 迴圈疊代作業 k 次，直到 size $\times 2^k > N$；將此運算改寫為 $2^k > N/size$。

若要求 k，兩邊取對數，如此表示 k > log(N/size)。因為 log(a/b) = log(a) – log(b)，所以 k > log(N) – log(size)；由於 size 是常數，因此我們只需要聚焦的事實是 k 等於某個整數，該整數為「大於或等於 log(N) 的數值減去某個小常數值」的結果中最小者。

總之，Tim 排序的第一階段——套用插入排序——可以歸為 O(N) 等級，而第二階段——執行反覆的 merge() 需求——為 O(k × N)，其中 k 不大於 log(N)，因此整體效能為 O(N log N)。

本章總結

排序是電腦科學的基本問題，而且已有廣泛的研究。因為基本型別值（primitive value）預設可相互比較，所以能夠排序這種值的陣列。可以採用自定順序的函式針對較複雜的資料型別（譬如字串、二維點）做排序，讓這樣的資料也能應用相同的排序演算法。

本章讓讀者學到：

- 某些基本排序演算法效能為 $O(N^2)$，它們完全不適合用於大型資料集的排序。
- 遞迴的概念是將問題分成較小的子問題，以此作為解決問題的關鍵策略。
- 合併排序與堆積排序以不同的方式達到 O(N log N) 效能。
- 快速排序不需要額外的儲存空間即可達到如同合併排序那樣的 O(N log N) 效能。
- Tim 排序是 Python 與越來越多的程式語言採用的預設排序演算法。

挑戰題

1. 撰寫遞迴方法 count(A,t)，傳回 t 在 A 中出現的次數。讀者的實作必須具有遞迴結構，與 find_max(A) 類似。

2. 已知一個陣列，內有排列 N 個不同整數（數值從 0 到 N – 1）。確認按升序排序這些值所需的最少交換次數。撰寫一個函式 num_swaps(A)，輸入此類陣列並傳回一個整數值。請注意，你實際上不必排序該陣列；僅需計算交換次數即可。

   使用第 3 章的符號表，將問題擴展為內有 N 個不同值的陣列，而確認圖 5-1 需要五次交換。

3. 遞迴的 find_max(A) 找到內有 N 個值的無序陣列中最大值所需的比較總數為何？這個總次數是否小於（或大於）第 1 章所述的 largest(A) 使用的比較總數？

4. 合併排序的 merge() 步驟，可能會發生某邊（左邊、右邊）用完的情形。目前，merge() 函式持續的疊代作業是一次一步。以 Python 複製整個陣列的 slice（切片）功能取代這個邏輯，就像 aux[lo:hi+1] = A[lo:hi+1] 所做的那樣。使用 slice 指派取代 merge() 前兩種情況的邏輯。進行實證試驗，試圖衡量效能的改進程度（如果有的話）。

5. 完成 recursive_two(A) 的遞迴實作，傳回 A 中前兩大值。將其執行時間與第 1 章所述的其他方法相比；另外也要比較「小於」的叫用次數。

6. 費氏數列是以遞迴公式 $F_N = F_{N-1} + F_{N-2}$ 定義，基本情況為 $F_0 = 0$、$F_1 = 1$。另一個相關數列 —— 盧卡斯數（*Lucas Numbers*）的定義是 $L_N = L_{N-1} + L_{N-2}$，基本情況為 $L_0 = 2$、$L_1 = 1$。使用標準遞迴方法實作 fibonacci(n)、lucas(n)，並測量 F_N、L_N（持續加到 N = 40）兩者計算所需的時間；根據讀者自己的電腦速度，你可能必須增減 N 讓程式的執行得以結束。此時實作新的 fib_with_lucas(n) 方法，利用以下兩個等式：

   • fib_with_lucas(n)：若令 i = n/2 且 j = n – i，則 $F_{i+j} = (F_i + L_j) \times (F_j + L_i)/2$

   • lucas_with_fib(n)：$L_N = F_{N-1} + F_{N+1}$

   比較 fibonacci() 與 fib_with_lucas() 的執行時間。

## 第六章

二元樹～掌握無限

你將於本章學到：

- 如何建立並操控二元樹（插入、移除與搜尋內容值）。

- 如何管理**二元搜尋樹**，符合下列的全域性質：

    — 節點左子樹內容值都小於或等於該節點內容值。

    — 節點右子樹內容值都大於或等於該節點內容值。

- 平衡二元樹的搜尋、插入、移除作業可有 $O(\log N)$ 的表現，然而若不注意，可能會落不討喜的 $O(N)$ 等級。

- 如何在插入、移除作業之後重新平衡二元搜尋樹，確保搜尋、插入、移除能保有 $O(\log N)$ 效能。

- 如何以 $O(N)$ 效能遍歷二元搜尋樹（按升序排列）處理所有內容值。

- 如何使用二元樹結構實作**符號表**資料型別，而獲得以排序順序檢索資料鍵的額外好處。

- 如何使用二元樹結構實作**優先佇列**，而具有下列的額外優點：可以在不擾亂優先佇列之下，按優先序產生 (鍵 , 值) 項目。

開場

鏈結串列和陣列以線性排列方式儲存資訊。本章將介紹二元樹（*binary tree*）遞迴資料結構，這是電腦科學領域最重要的概念之一。第 5 章已論述遞迴概念，即函式叫用自己。本章將說明的二元樹是一種遞迴資料結構——也就是說，二元樹本身涉及到另外的二元樹結構。為了介紹遞迴資料結構的概念，讓我們重新檢視之前所述的鏈結串列資料結構。

鏈結串列是遞迴資料結構的範例，原因是每個節點都有 next 參考指向某個子串列的第一個節點。鏈結串列可動態增減 N 個值的集合，改進固定長度陣列的儲存侷限。sum_list() 遞迴函式（如示例 6-1 所示）處理鏈結串列，傳回內容總和。以下將該實作與傳統疊代作業解法相比。

示例 6-1　鏈結串列內容值加總函式（遞迴版與疊代作業版）

```
class Node:
  def __init__(self, val, rest=None):
    self.value = val
    self.next = rest

def sum_iterative(n):
  total = 0                          ❶
  while n:
    total += n.value                 ❷
    n = n.next                       ❸
  return total

def sum_list(n):
  if n is None:                      ❹
    return 0
  return n.value + sum_list(n.next)  ❺
```

❶ 將 total 初始化為 0，準備運算作業。

❷ 針對鏈結串列中每個節點 n，在 total 中加計該節點的內容值。

❸ 進到鏈結串列的下一個節點。

❹ 基本情況：不存在的串列，其總和為 0。

❺ 遞迴情況：鏈結串列的總和是 n 的內容值與串列其餘內容之和的加總。

while 迴圈走訪鏈結串列的每個節點，並將串列中各節點儲存的值累計於 total 中。相較之下，sum_list() 是遞迴函式，基本情況會終止遞迴作業，遞迴情況將較小問題實例的結果組合起來。基本情況下，不存在的串列，其總和為 0。若串列至少有個節點 n，則遞迴情況將計算串列其餘內容（即以 n.next 開始的串列）的總和，並將該結果與 n.value 相加而得全部總和。

內有 N 個節點的鏈結串列，以遞迴方式分解為第一個節點 n 與其餘內容（即內有 N – 1 個節點的子串列）。這是遞迴分解——根據定義，其餘部分是個子串列——不過這只是將大小為 N 的問題（即求 N 個節點內容值的總和）細分為大小為 N – 1 的較小問題（即求 N – 1 個節點內容值的總和）。設想富有細分成效的遞迴資料結構，可考慮以二元運算（比如乘法）表達基本數學運算式。有效的運算式可為一個值，也可以用二元運算組合兩個子運算式：

- 3——任何數值皆可

- (3 + 2)——將左邊數值 3 與右邊數值 2 相加

- (((1 + 5) * 9) – (2 * 6)) ——左邊運算式 ((1 + 5) * 9) 減右邊運算式 (2 * 6)

運算式可以組合成任意大小——圖 6-1 的運算式有七個數學運算與八個數值。鏈結串列無法對此非線性運算式建模。若你曾經嘗試以家系圖（family tree）視覺化呈現家譜，則可以明白這種圖被稱為運算式樹（expression tree）的原因。

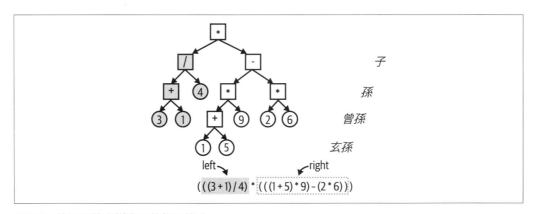

圖 6-1　使用運算式樹表示數學運算式

頂端乘法節點有兩個子節點，最終衍生四個孫節點（其中一個是數值 4）、六個曾孫節點、兩個玄孫節點。

圖 6-1 的運算式表示兩運算式相乘，呈現出遞迴結構。若要計算此運算式的結果值，先遞迴計算左邊運算式產生結果 1。以類似的遞迴方式處理，右邊運算式的計算結果為 42，因此原運算式的整個結果為 $1 * 42 = 42$。

圖 6-1 視覺化呈現原運算式的遞迴子結構。頂端方塊代表是一個乘法運算式，左、右箭頭分別指向左、右子運算式。每個圓圈表示含有數值的 Value 節點，意味著停止遞迴作業的基本情況。示例 6-2 的 Expression 資料結構以 left、right 子運算式為運算式建模。

示例 6-2　表示數學運算式的 *Expression* 資料結構

```
class Value:                                    ❶
  def __init__(self, e):
    self.value = e

  def __str__(self):
    return str(self.value)

  def eval(self):
    return self.value

class Expression:                               ❷
  def __init__(self, func, left, right):
    self.func  = func
    self.left  = left
    self.right = right

  def __str__(self):                            ❸
    return '({} {} {})'.format(self.left, self.func.__doc__, self.right)

  def eval(self):                               ❹
    return self.func(self.left.eval(), self.right.eval())

def add(left, right):                           ❺
  """+"""
  return left + right
```

❶ Value 可存數值。並以數字或字串形式傳回此值。

❷ Expression 存有函式 func 與 left、right 子運算式。

❸ 提供內建的 __str__() 方法，遞迴產生運算式周圍附有括號的字串。

❹ Expression 的計算方式是計算 left、right 子運算式，並將兩者的結果值傳給 func。

❺ 執行加法的函式；與 mult() 的乘法類似。函式的文件字串（__doc__）包含運算子符號。

Expression 的計算是遞迴程序，最終遇到 Value 物件而終止運作。使用第 5 章的相同技術，圖 6-2 視覺化呈現運算式 m = ((1 + 5) * 9) 的遞迴計算：

```
>>> a = Expression(add, Value(1), Value(5))
>>> m = Expression(mult, a, Value(9))
>>> print(m, '=', m.eval())
((1 + 5) * 9) = 54
```

m 的計算，最多可有兩次遞迴叫用，分別在 left、right 子運算式各有一次。本例的左子運算式 a = (1 + 5) 以遞迴方式計算，而右子運算式為 9（不用計算）。將最後算出的 54 作為最終結果傳回。此範例展現 Expression 遞迴二元樹資料結構的用處。也呈現出遞迴的實作簡明。

重點是遞迴資料結構不能有結構缺陷。例如：

```
>>> n = Node(3)
>>> n.next = n              # 危險處！
>>> print(sum_list(n))
RecursionError: maximum recursion depth exceeded
```

此鏈結串列由某個節點 n 組成，在此鏈結串列中該節點的 next 節點是自己！ sum_list() 函式並沒有問題——這個鏈結串列有結構缺陷，因此 sum_list(n) 的基本情況永遠不會出現。Expression 可能會出現類似的情況。這些缺陷是程式設計錯誤，我們可以小心測試程式碼避免這些缺陷。

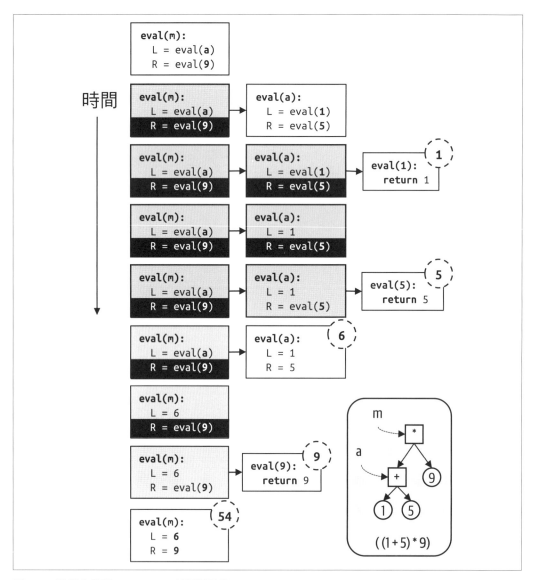

圖 6-2　視覺化呈現 $((1 + 5) * 9)$ 的遞迴計算

二元搜尋樹

二元樹為所有遞迴資料結構之首。二元搜尋樹（*binary search tree*）可以儲存值集，具有高效率的搜尋、插入、移除作業。

二元陣列搜尋為了具有 O(log N) 效能必須將值儲存於排序陣列中。還有其他各種原因需要按排序順序產生資訊，進而讓使用者易於檢視資訊。從實務的觀點來看，大型的固定長度陣列面臨挑戰，原因是這種陣列需要由底層作業系統配置的連續記憶體空間。此外，變更陣列的大小會有問題：

- 若要將新值加入陣列中，需要建立更大的新陣列，將原陣列的值複製到新陣列中——以及為新值提供儲存空間。最後，釋放原陣列占用的記憶體。

- 若要移除陣列中的值，該值右邊的每個值都必須向左移動一個索引位置。程式碼必須標記陣列結尾有「未用的」索引位置。

因為 Python 內建的 list 結構無須程式設計師介入即可增減大小，所以程式可免於遇到這些難處，不過在最差情況下，將某值插入 Python 的 list 依然是 O(N) 的效能。表 6-1 測量下列兩者的執行時間效能：在大小為 N 的 list 開頭加入 1,000 個值（一次一個），以及將 1,000 個值（一次一個）加到大小為 N 的 list 結尾。

表 6-1　串列與二元搜尋樹的插入、移除效能比較（單位：ms）

N	加首值	加尾值	移除值	二元樹
1,024	0.07	0.004	0.01	0.77
2,048	0.11	0.004	0.02	0.85
4,096	0.20	0.004	0.04	0.93
8,192	0.38	0.004	0.09	1.00
16,384	0.72	0.004	0.19	1.08
32,768	1.42	0.004	0.43	1.15
65,536	2.80	0.004	1.06	1.23
131,072	5.55	0.004	2.11	1.30
262,144	11.06	0.004	4.22	1.39
524,288	22.16	0.004	8.40	1.46
1,048,576	45.45	0.004	18.81	1.57

如表 6-1 所示，將值加到串列結尾的時間為常數 0.004；如此可被視為 list 插入值的最佳情況。當問題實例的大小 N 加倍時，將 1,000 個值加入 list 開頭的時間基本上會加倍。此作業可歸為 O(N) 等級。表中呈現使用 list 維護已排序值集的隱性成本。表 6-1 中「移除值」行顯示，移除串列第一個值 1,000 次也是 O(N)，原因是該執行時間隨 N 加倍而加倍。此行中每個後續值幾乎正好是上個值的兩倍。

若插入值 1,000 次的效能是 O(N)，則使用第 2 章所述的推論，你就會知道插入單一值的效能也是 O(N)。以相同的推論插入 10,000 個值是 O(N)，原因是這些行為都只是彼此不同的乘常數差異。

這個實證試驗顯示簡單插入或移除某值為 O(N) 的效能；按排序順序維護陣列只會減慢程式執行速度。相較之下，表 6-1 的「二元樹」行表示以平衡二元搜尋樹（*balanced binary search tree*）維護值集而插入 1,000 個新值的執行時間。當問題大小加倍，執行時間似乎定量增長，這是 O(log N) 效能的特性。更棒的是，二元搜尋樹具有高效率的搜尋、插入、移除作業。

圖 6-3 有個二元搜尋樹範例，旁邊並列一個內含相同值的已排序陣列。此與圖 2-5 所示的（二元陣列搜尋論述）陣列內容相同。二元樹的頂端節點為樹的根（*root*），與鏈結串列特別指定的 first 節點類似。此樹總共有七個節點。

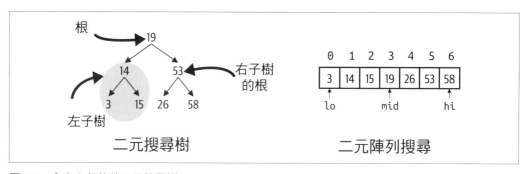

圖 6-3　內有七個值的二元搜尋樹

二元搜尋樹的每個節點具有示例 6-3 所定義的結構。left 所指的節點是某個子樹的根；right 也類似。二元搜尋樹針對每個節點 n 加入兩項全域限制：

- 若節點 n 具有 left 子樹，則該子樹的所有值都 ≤ n.value。
- 若節點 n 具有 right 子樹，則子樹的所有值都 ≥ n.value。

讀者可於圖 6-3 中確認這些性質是否成立。leaf（葉）節點是無 left、right 子樹的節點；此樹有四個 leaf 節點：內容分別為 3、15、26、58。許多人表示電腦科學樹是顛倒狀，原因是葉子在底部，而根在頂端。

示例 6-3　二元搜尋樹的結構

```
class BinaryNode:
    def __init__(self, val):
```

```
self.value = val        ❶
self.left  = None       ❷
self.right = None       ❸
```

❶ 每個節點儲存一個 value。

❷ 每個節點的 left 子樹（如果存在的話）所有內容值皆 ≤ value。

❸ 每個節點的 right 子樹（如果存在的話）所有內容值都 ≥ value。

回到圖 6-3，我們可以看到根節點的左子樹本身是另一棵樹，其中根節點值（根植）為 14，帶有左葉節點（3）、右葉節點（15）。這些值與圖右邊陣列中小於或等於中間索引處（19）的內容值完全一樣。當插入值時，二元樹由上而下成長，一次一個節點，如表 6-2 所示。

表 6-2　二元搜尋樹的建立過程（依序插入 19、14、15、53、58、3、26）

樹狀圖	說明
19	插入 19，進而建立 19 的新子樹。
	插入 14，因為 14 小於或等於 19，所以將 14 插入 19 的左子樹中，但是沒有左子樹，因此建立以 14 為根的新子樹。
	插入 15，因為 15 小於或等於 19，所以將 15 插入 19 的左子樹中（此子樹以 14 為根）。此時由於 15 大於 14，因此將 15 插入 14 的右子樹中，但是沒有右子樹，因而建立以 15 為根的新子樹。
	插入 53，因為 53 大於 19，所以將 53 插入 19 的右子樹中，但是沒有右子樹，因此建立以 53 為根的新子樹。
	插入 58，因為 58 大於 19，所以將 58 插入 19 的右子樹中（此子樹以 53 為根）。此時由於 58 大於 53，因此將 58 插入 53 的右子樹中，但是沒有右子樹，因而建立以 58 為根的新子樹。
	插入 3，因為 3 小於或等於 19，所以將 3 插入 19 的左子樹中（此子樹以 14 為根）。此時由於 3 小於或等於 14，因此將 3 插入 14 的左子樹中，但是沒有左子樹，因而建立以 3 為根的新子樹。
19 / 14 53 / 3 15 26 58	插入 26，因為 26 大於 19，所以將 26 插入 19 的右子樹中（此子樹以 53 為根）。此時由於 26 小於或等於 53，因此將 26 插入 53 的左子樹中，但是沒有左子樹，因而建立以 26 為根的新子樹。

有個 BinaryTree 類別用於維護二元樹的 root 節點參考是很方便的；本章將對此類別陸續加入其他函式。示例 6-4 包含把值插入二元搜尋樹所需的程式碼。

示例 6-4　*BinaryTree 類別（提升二元搜尋樹的可用性）*

```
class BinaryTree:
  def __init__(self):
    self.root = None                            ❶

  def insert(self, val):                         ❷
    self.root = self._insert(self.root, val)

  def _insert(self, node, val):
    if node is None:
      return BinaryNode(val)                     ❸

    if val <= node.value:                        ❹
      node.left = self._insert(node.left, val)
    else:                                        ❺
      node.right = self._insert(node.right, val)
    return node                                  ❻
```

❶ self.root 是 BinaryTree 的根節點（否則若為空，其值為 None）。

❷ 使用 _insert() 輔助函式將 val 插入以 self.root 為根的樹中。

❸ 基本情況：將 val 加入空子樹中，傳回新的 BinaryNode。

❹ 若 val 小於或等於 node 的內容值，則將 node.left 設為下列衍生子樹：將 val 插入 node.left 之後形成的子樹。

❺ 若 val 大於 node 的內容值，則將 node.right 設為下列衍生子樹：將 val 插入 node.right 之後形成的子樹。

❻ 此方法必須傳回符合需求的 node，即傳回插入 val 之子樹的根。

BinaryTree 的 insert(val) 函式叫用遞迴的 _insert(node, val) 輔助函式，將 self.root 設為下列衍生子樹：將 val 插入以 self.root 為根的樹後所形成的樹[1]。

臨時而簡明的 insert() 單行實作，是使用遞迴資料結構的程式特性。_insert() 函式會插入 val，也會傳回衍生子樹的根。

---

[1] 所有遞迴輔助函式的名稱皆以底線（_）為首，表示這些函式並非 BinaryTree 公用介面的一部分。

雖然此範例插入的各個值皆不同，不過一般來說，二元搜尋樹容許有重複值，這就是 _insert() 函式檢查 val ≤ node.value 是否為真的原因。

_insert(node, val) 的基本情況發生於 node 為 None 時，每當需要把 val 插入不存在的子樹中，就會發生這種情況；此時只是傳回以新建的 BinaryNode 為根的新子樹。對於遞迴情況而言，會把 val 插入左子樹 node.left 或右子樹 node.right 中。遞迴情況結束時，重點是 _insert() 傳回 node，以履行下列子樹之根的傳回義務：將 val 加入以 node 為根的樹後所形成的樹。

_insert(node, val) 確保二元搜尋樹性質，使得 node 的左子樹中所有值都小於或等於 node.value，而右子樹的值都大於或等於 node.value。

 二元樹中的節點 n 可有個 left 與 right 子樹。使得 n 成為 left、right 的父節點（parent node）。n 的子孫（descendant）是它的 left、right 子樹的節點。除根節點之外，每個節點都至少有個來源祖先（ancestor）。

試著將 29 插入圖 6-3 的二元搜尋樹中。因為 29 大於根值，所以必須將它插入根值 53 此一右子樹中。因為 29 小於 53，所以將其插入根值 26 這個左子樹中。最後，由於 29 大於 26，因而形成內容值 26 這個節點的新右子樹，如圖 6-4 所示。

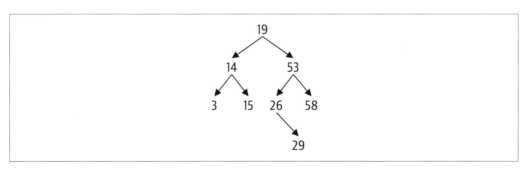

圖 6-4　於二元搜尋樹範例中插入 29

值的插入順序決定二元樹最終的結構，如圖 6-5 所示。對於左邊的二元搜尋樹而言，5是第一個被插入的值，它是樹的根。此外，每個節點必須插在各自的祖先之後。

右邊的二元搜尋樹是按遞增順序插入七個值而成，這是將內容值插入二元搜尋樹的**最差情況**；若將此圖逆時針旋轉約 45 度，則看起來像個鏈結串列，這種情況下會降低效率表現。本章尾聲將介紹一種策略，在插入、移除作業後確保較平衡的樹結構。

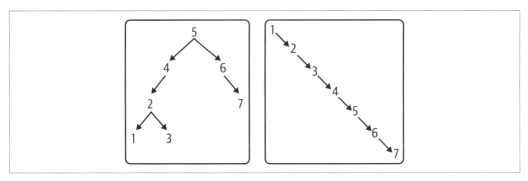

圖 6-5　以不同順序插入值的各種二元搜尋樹

搜尋二元搜尋樹內容值

_insert() 方法以遞迴方式找出適當位置，插入新的葉節點（內含要加入的值）。同樣的遞迴方法可以簡單檢查某個值是否包含在二元搜尋樹中；然而，實務上，示例 6-5 的程式為更簡單的非遞迴方法（使用 while 迴圈）。

示例 6-5　判斷 *BinaryTree* 是否包含某值

```
class BinaryTree:
  def __contains__(self, target):
    node = self.root               ❶
    while node:
      if target == node.value:     ❷
        return True

      if target < node.value:      ❸
        node = node.left
      else:
        node = node.right          ❹

    return False                   ❺
```

❶　從 root 開始搜尋。

❷　若 target 值與 node 的 value 相同，則傳回 True（表示成功）。

❸ 若 target 小於 node 的 value，則將 node 設為其 left 子樹，持續於該子樹中搜尋。

❹ 若 target 大於 node 的值，則繼續在 right 子樹中搜尋。

❺ 若此搜尋作業走訪完所有要檢查的節點，則表示樹中不存在該值，因此傳回 False。

將 __contains__() 函式加入 BinaryTree 類別中 [2]。它的結構與搜尋鏈結串列內容值類似；差異在於，下個要搜尋的節點可以是 right 或是 right（基於 target 的相關值）。

移除二元搜尋樹內容值

移除鏈結串列的值相當簡單——如第 3 章所述——然而移除二元搜尋樹的值則較複雜。首先，若要移除根節點內容值，如何將其孤立的左右子樹「接起來」？此外，應該要有個負擔最少而每次都有效的一貫策略。讓我們試著找出直觀的方法，可以移除二元搜尋樹的根節點內容值。圖 6-6 呈現移除根值 19 後的兩個可能二元搜尋樹。

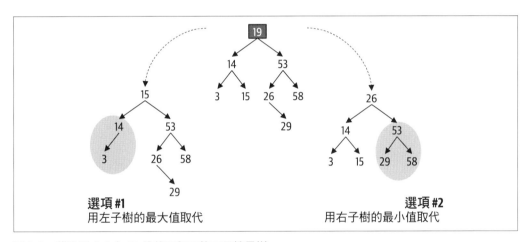

圖 6-6　移除圖 6-4 中 19 後的兩個可能二元搜尋樹

這兩個選項依然是二元搜尋樹（讀者可自行確認）：每一左子樹的值仍然小於或等於子樹根，而每一右子樹的值還是大於或等於子樹根。這兩個選項所涉及的額外負擔可說是微乎其微：

- 選項 #1：找尋與移除左子樹最大值，並以該值作為根值。

- 選項 #2：找尋與移除右子樹最小值，並以該值作為根值。

2　此函式的實作意味著程式可以使用 Python 的 in 運算子判斷 BinaryTree 物件是否包含某個值。

這兩個選項皆可行，筆者選擇實作第二個選項。衍生的二元樹是符合規則的二元搜尋樹，新的根值 26 是原來右子樹的最小值 —— 根據定義，如此表示，此值小於或等於圖 6-6 淺灰色區域子樹的所有值。此外，該值大於或等於原左子樹的所有值，即大於或等於原本根值 19，而 19 大於或等於原左子樹的每個值。

讓我們先解決移除給定子樹中最小值這個子問題。請你思考一下，子樹的最小值**不能有左子節點** —— 否則將表示存在更小的值。鑑於圖 6-7 的二元搜尋樹，根植 53 這個右子樹的最小值為 26，如圖所示，它沒有左子節點。移除此值只要將它的右子樹（根植 29）「提高」，即可成為根植 53 的新左子樹。把值 53 這個節點的左子節點設為根植 29 的樹始終恰當，原因是值 26 這個節點*沒有左子樹*，所以不會漏掉任何值。

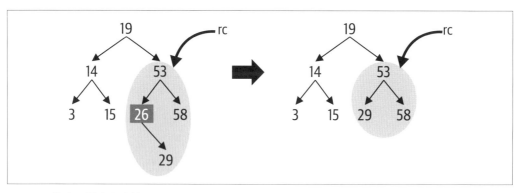

圖 6-7　移除子樹中最小值

示例 6-6 包含 BinaryTree 的輔助函式 _remove_min(node)，它移除以 node 為根節點的子樹中最小值；當 node 為 None 時，永遠不會呼叫此函式。當叫用 rc（圖 6-7 樹的右子樹）的 remove_min()，將進入遞迴情況，即移除根值 26 這個左子樹中最小值。因為內容值為 26 的節點沒有左子樹，所以導致進入基本情況，該函式「提高」該子樹位置（傳回根值 29 此一右子樹），成為根值 53 的新左子樹。

示例 6-6　移除最小值

```
def _remove_min(self, node):
  if node.left is None:          ❶
    return node.right

  node.left = self._remove_min(node.left)  ❷
  return node                    ❸
```

❶ 基本情況：若 node 沒有 left 子樹，則根植 node 這個子樹中最小值是它自己；移除它，只需「提高」與傳回它的 right 子樹（可能是 None）。

❷ 遞迴情況：移除 left 子樹中最小值，而傳回的子樹將成為 node 的新 left 子樹。

❸ _remove_min() 傳回可能已更新左子樹的節點以完成遞迴情況。

上述程式也是簡明的。如同前述的其他遞迴函式，_remove_min() 傳回子樹變更後的根節點。利用此一輔助函式，可以完成 remove() 的實作，移除二元搜尋樹的值。為了視覺化呈現程式必須執行的作業，表 6-3 顯示的範例是移除根節點（內容值 19）之後的二元樹變化情形。

表 6-3 移除二元搜尋樹根節點的方式說明

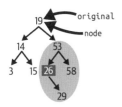	由於要移除根節點內容值，因此將 original 設為該節點。
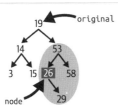	while 迴圈作業完成後，node 改指 original 的 right 子樹的最小值，即本例中內容為 26 的節點。此將是整個子樹的新根節點。重點是確認 (a) node 沒有 left 子樹，(b) node 的值是根值 53 此一子樹中最小值，(c) node 的值大於或等於根值 14 這個子樹中所有值。
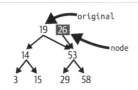	移除根節點 original.right（內容值 53）此子樹的最小值之後，node.right 將設為此更新的子樹（由內容值為 29、53、58 的三個節點組成）。original.right 和 node.right 有片刻皆指向根植為 53 此子樹。
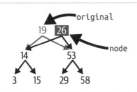	為了完成更新，node.left 改指 original.left。當 _remove() 執行完成後會傳回 node，「取代」origianl（作為整個二元搜尋樹的根節點，也作為另一個節點的子節點）。

remove() 的實作如示例 6-7 所示。

示例 6-7 移除 *BinaryTree* 的內容值

```python
def remove(self, val):
  self.root = self._remove(self.root, val)          ❶

def _remove(self, node, val):
  if node is None: return None                       ❷

  if val < node.value:
    node.left = self._remove(node.left, val)         ❸
  elif val > node.value:
    node.right = self._remove(node.right, val)       ❹
  else:                                              ❺
    if node.left is None:  return node.right
    if node.right is None: return node.left          ❻

    original = node                                  ❼
    node = node.right
    while node.left:                                 ❽
      node = node.left

    node.right = self._remove_min(original.right)    ❾
    node.left = original.left                        ❿

  return node
```

❶ 使用 _remove() 輔助函式移除根節點 self.root 的樹中 val。

❷ 基本情況:試圖在不存在的樹中移除 val 將傳回 None。

❸ 遞迴情況 #1:若要移除的值小於 node.value,則將 node.left 設為下列子樹:移除 node.left 的 val 之後所衍生的子樹。

❹ 遞迴情況 #2:若要移除的值大於 node.value,則將 node.right 設為下列子樹:移除 node.right 的 val 之後所衍生的子樹。

❺ 遞迴情況 #3:node 可能是子樹的根,而且其內容值要被移除,因此需要執行一些作業。

❻ 首先處理簡單的情況。若 node 是葉節點,則傳回 None。若它只有一個子節點,則傳回該子節點。

❼ 因為我們不想要遺漏 node 的 left、right 原本子樹(兩者皆必須存在),所以要儲存 node 的原參考。

❽ 從 node = node.right 開始，尋找以 node.right 為根節點的子樹中最小值：只要 node 有個左子樹，那麼它就不包含最小值，因此，以疊代作業找到沒有 left 子樹的 node——這是 original 的 right 子樹中最小值。

❾ node 將成為 original 的 left、right 子樹的新根節點。在此，筆者將 node.right 設為下列子樹：移除 original.right 中最小值後衍生的樹。讀者可能會發現，這種遞迴方法基本上反覆執行 while 迴圈程序，不過相較一次就試圖做完所有事情來說，這樣的程式較容易理解。

❿ 將 node 為根的子樹接回去。

二元搜尋樹最終的能力是按升序傳回值。在電腦科學中，這被稱為遍歷（*traversal*）。

遍歷二元搜尋樹

若要處理鏈結串列的每個元素，可從第一個節點開始，並使用 while 迴圈依循 next 參考，直到走訪所有節點。因為二元搜尋樹會依循 left、right 參考，所以二元搜尋樹不能與此種線性方法搭配運用。鑑於二元樹資料結構的遞迴性質，需要有一個遞迴解法。示例 6-8 是使用 Python 產生器實作的簡明遞迴解法。

示例 6-8　按升序遍歷二元搜尋樹內容值的產生器

```
class BinaryTree:

  def __iter__(self):
    for v in self._inorder(self.root):        ❶
      yield v

  def _inorder(self, node):
    if node is None:                          ❷
      return

    for v in self._inorder(node.left):        ❸
      yield v

    yield node.value                          ❹

    for v in self._inorder(node.right):       ❺
      yield v
```

❶ 產生：針對 self.root 為根的二元搜尋樹中序（*in order*）遍歷的所有內容值。

❷ 基本情況：無須為不存在的子樹產生內容。

❸ 為了中序產生所有值，先中序產生 node.left 為根的子樹所有值。

❹ 此時該產生 node 的值。

❺ 最後，中序產生 node.right 為根的子樹所有值。

__iter__() 函式反覆產生遞迴輔助函式 _inorder() 供應的值（採用 Python 慣用語法）。就遞迴的基本情況來說，當對 node 為根卻不存在的二元搜尋樹，要求產生該樹內容值時，_inorder() 將執行權傳回且不執行任何作業。對於遞迴情況而言，此函式依據二元搜尋樹性質，即以 node.left 為根的子樹中所有值都小於或等於 node.value，而以 node.right 為根的子樹中所有值都大於或等於 node.value。它遞迴產生 node.left 的所有值，接著產生自己的值，隨後產生 node.right 的值。此程序的視覺化內容如圖 6-8 所示，其中的二元搜尋樹 T 有五個值。

 你也可以選用另外兩個遍歷策略走訪二元樹。使用前序（*preorder*）遍歷複製二元樹。後序（*postorder*）遍歷走訪所有子節點之後才輪到父節點，因此用它計算運算式樹（如圖 6-1 所示）的值。

目前筆者已說明如何搜尋、插入、移除二元搜尋樹的內容值；此外，讀者可以**按升序檢索**這些值。接著我們來分析這些基本作業的效能。

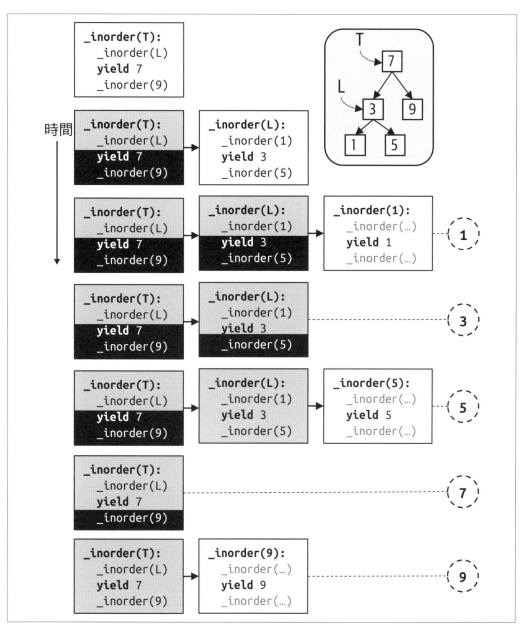

圖 6-8　按升序遍歷二元搜尋樹的內容值

二元搜尋樹的效能分析

搜尋、插入、移除作業的決定因素是樹的高度，是以根節點的高度為基準。節點的高度是從該節點到最遠的子孫葉節點所需存取的 `left` 或 `right` 參考數。如此表示葉節點的高度為 0。

 因為葉節點的高度為 0，所以不存在的二元節點，其高度不能為 0。None——即不存在的二元節點—高度定義為 –1，才能使得運算維持一致。

在最差情況下，搜尋期間走訪的節點數是基於二元搜尋樹根的高度。已知二元搜尋樹中的 N 個節點，則樹的高度為何？這完全取決於插入值的順序。 完全二元樹（*complete binary tree*）表示最佳情況，即在高度為 k – 1 的樹中有效率的儲存 $N = 2^k – 1$ 個節點。以圖 6-9 的二元樹為例，有 N = 63 個節點，根節點的高度為 5。搜尋 `target` 值將牽涉不超過 6 次的比較（歷經 5 個 `left` 或 `right` 參考，走訪 6 個節點）。由於 $2^6 – 1 = 63$，這表示搜尋某值的時間與 log(N + 1) 成比例。但在最差情況下，所有值都按升序（或降序）插入，二元搜尋樹只是一個長線性鏈結，如圖 6-5 所示。一般而言，搜尋的執行時間效能為 O(h)，其中 h 是二元搜尋樹的高度。

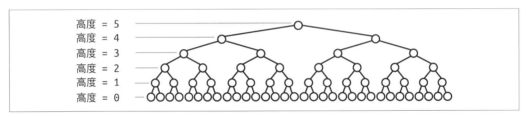

圖 6-9　完全二元樹（以最小高度儲存最多值）

插入值與搜尋值具有相同的時間複雜度——唯一差別是，一旦搜尋停於不存在的 `left`、`right` 子樹，就會插入新的葉節點；所以插入一個值也是 O(h)。

移除二元叉尋樹的某個值需要三個步驟：

1. 找到待移除內容值的節點

2. 找出待移除節點為根的右子樹中最小值

3. 移除右子樹中的該值

在最差情況下，這些子步驟的每一步都與高度成正比 [3]。而最差的話，移除一值需要的時間與 3 × h 成比例，其中 h 是二元搜尋樹的高度。基於第 2 章的結果，因為 3 是乘常數，所以表示移除值的時間仍然是 O(h)。

二元搜尋樹的結構完全基於值插入與移除的順序。由於二元搜尋樹無法掌控其運用方式，因此需要一種機制察覺其結構表現不佳的時候。第 3 章已解釋一旦達到閾值時，雜湊表如何調整自身大小（重新雜湊其內所有項目）。因為使用幾何大小調整策略，成本高昂的 O(N) 作業需求將越來越不頻繁，所以雜湊表如此為之是可行的。讀者應該還記得，這樣做使得 get() 有 O(1) 的平均執行時間效能。

幾何大小調整策略在此並不適用，原因是沒有基於 N 的簡單閾值運算可以判斷何時要調整大小，並且無法確保調整大小事件發生頻率會越來越少：只需要一小串的難堪插入實例就能讓樹失去平衡，如圖 6-10 所示。每個節點依其所在高度以不同的灰階表示。

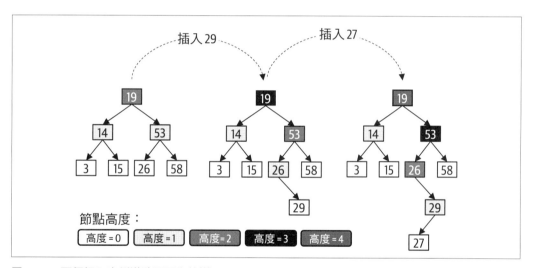

圖 6-10　兩個插入實例導致不平衡的樹

圖 6-10 左邊的完全二元樹具有完美平衡的結構；每個葉節點的高度為 0，根節點的高度為 2。插入 29 時（如中間的樹所示），將在適當位置建立新的葉節點。請注意，*29* 的所有祖先節點的高度都會加 *1*，並且依據高度用對應的灰階區塊標示。插入 27 之後（如右邊樹所示），此樹已失去平衡：左子樹（根值 14）高度為 1，但右子樹（根值 53）高度為 3。其他節點（譬如：26、53）同樣失去平衡。下一節將介紹檢測與重新平衡二元搜尋樹的策略。

3　參閱本章結尾與此相關的挑戰題。

自平衡二元搜尋樹

首個知名的自平衡二元樹資料結構——AVL 樹——於 1962 年被發明[4]。其前提是，把值插入二元搜尋樹或從二元搜尋樹中移除時，將察覺與修復變更後的樹結構中的弱點。AVL 樹保證任何節點的高度差（此差距定義是節點的左子樹高度減去節點右子樹高度）為 −1、0、1。如示例 6-9 所示，每個 BinaryNode 必須將其 height 儲存在二元搜尋樹中。每當某個節點被插入二元搜尋樹時，必須計算受影響節點的高度，因而可立刻察覺到不平衡的樹節點。

示例 6-9　AVL 二元節點的結構

```
class BinaryNode:
  def __init__(self, val):
    self.value = val                                      ❶
    self.left  = None
    self.right = None
    self.height = 0                                       ❷

  def height_difference(self):                            ❸
    left_height = self.left.height if self.left else -1   ❹
    right_height = self.right.height if self.right else -1
    return left_height - right_height                     ❺

  def compute_height(self):                               ❻
    left_height = self.left.height if self.left else -1
    right_height = self.right.height if self.right else -1
    self.height = 1 + max(left_height, right_height)
```

❶ BinaryNode 的結構基本上與二元搜尋樹相同。

❷ 記錄每個 BinaryNode 的高度。

❸ 用於計算左右子樹高度差的輔助函式。

❹ left_height 設定 left 子樹對應高度，若該子樹不存在則設為 -1。

❺ 傳回高度差，此值須為 left_height 減 right_height。

❻ 此輔助函式用於更新某節點的 height，假設 left、right 子樹（如果存在的話）各自的 height 具有準確的值。

示例 6-10 顯示，_insert() 傳回的節點已有正確算出 height。

4　以發明者 Adelson-Velsky 與 Landis 命名。

```
def _insert(self, node, val):
  if node is None:
    return BinaryNode(val)                      ❶

  if val <= node.value:
    node.left = self._insert(node.left, val)
  else:
    node.right = self._insert(node.right, val)

  node.compute_height()                         ❷
  return node
```

❶ 針對基本情況：傳回新建立的葉節點，高度已預設為 0。

❷ 遞迴情況結束時：val 已被插入 node.left 或 node.right 中。如此表示需要重新計算 node 的高度。

insert(27) 的叫用過程中，在一系列遞迴叫用尾聲，將新的葉節點（27）加入二元搜尋樹裡，如圖 6-11 所示。_insert() 最終叫用涉及的基本情況將傳回內容值為 27 的新葉節點。此圖呈現出新葉節點（27）、原葉節點（29）的高度均為 0 的片刻。_insert() 結尾，只需附加一個陳述式來計算節點的高度，隨著遞迴作業的展開，每個祖先節點的高度（如圖 6-11 淺灰色區域所示）會被重新計算——請注意，這些是二元搜尋樹中唯一需要調整高度的節點。compute_height() 函式描述節點高度的邏輯定義，即比子樹的高度多一。

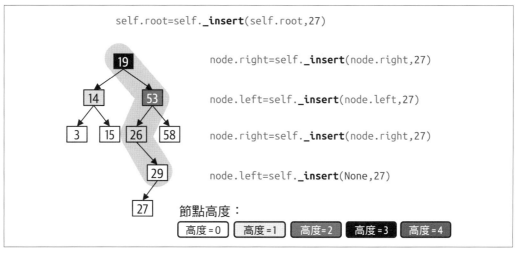

圖 6-11　插入一個值的遞迴叫用

隨著遞迴叫用作業的展開，針對 27 的所有祖先節點，每個節點高度都會被重新計算。因為每個節點在二元搜尋樹中都有準確的 hieght，所以 _insert() 可以察覺節點何時變得不平衡——即該節點的*左右子樹高度相差超過 1* 時。

 在 AVL 樹中，任何節點的高度差為 -1、0、1。高度差的計算方法是節點左子樹高度減節點右子樹高度。若該子樹不存在，則以 -1 表示高度。

內容值 26 的節點向右傾斜，原因是它的高度差為 –1 – 1 = –2；內容值 53 的節點向左傾斜，原因是它的高度差為 2 – 0 = 2；最終的根節點向右傾斜，原因是它的高度差為 1 – 3 = –2。一旦確定這些節點的現狀，就需要一種策略調整樹，以某種方式讓它維持平衡。如同遞迴展開過程的高度計算方式，_insert() 函式可以立刻察覺到插入新節點而讓樹不平衡的時機。於遞迴展開過程時察覺不平衡，如此表示察覺到的第一個不平衡節點為 26。

AVL 樹的設計者提出節點旋轉（*node rotation*）的概念，圖 6-12 為此概念的最佳視覺化描述。有三個節點——內容值為 10、30、50——以灰階區塊表示對應的高度。對於內容值 50 的根節點來說，其節點的高度為 h。淺灰色三角形是內容值符合二元搜尋樹性質的子樹。例如，就內容值 10 的節點而言，它的左子樹標記 10L，而它的內容值都小於或等於 10。讀者需要知道的是，該子樹（以及其他三個淺灰色的子樹：10R、30R、50R）的高度為 h – 3。

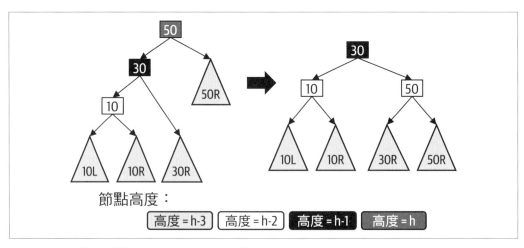

圖 6-12　向右旋轉根節點以重新平衡二元搜尋樹

該樹向左傾斜：左子樹的高度為 h－1，而右子樹的高度較小（h－3），因此表示高度差為 ＋2。AVL 樹會自我重新平衡：察覺不平衡之後，旋轉節點，重新配置，如圖 6-12 右邊所示。旋轉之後，衍生的二元搜尋樹，其高度為 h－1，內容值 30 的節點已成為新的根節點。這種特定的旋轉稱為**右旋**（*rotate right*），讀者可以視覺化想像將手放在內容值為 30 的原節點上並向右旋轉，如此會「提升」內容值為 30 的節點，同時「下拉」內容值為 50 的節點。

在僅有三個值的二元搜尋樹中，有四種可能的不平衡情形，如圖 6-13 所示。「左 - 左」為圖 6-12 範例的簡化版，只需要**右旋**即可平衡該樹；同樣，「右 - 右」為「左 - 左」的鏡像情形，只需**左旋**（*rotate left*）即可讓樹恢復平衡。這些情形是以每個子節點到根節點的相對位置而命名。這些旋轉作業將產生一個平衡樹，其根節點的內容值為 30，左子節點內容值是 10，右子節點內容值則為 50。

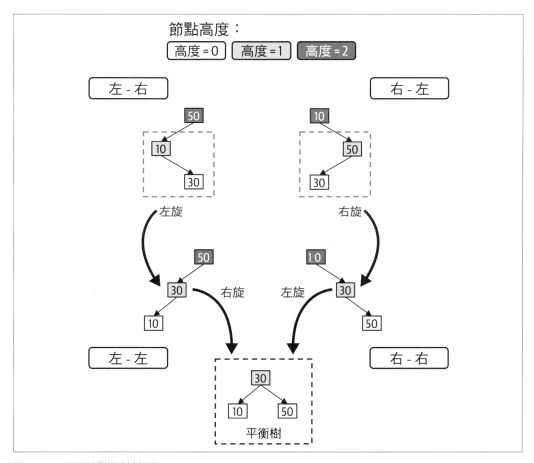

圖 6-13　四種節點旋轉情形

「左 - 右」情形的不平衡樹較為複雜，可以執行兩個步驟重新平衡。首先，*左旋*根值 10 這個左子樹，因而「下拉」內容值為 10 的節點並「提高」內容值為 30 的節點，導致符合「左 - 左」情形的不平衡樹；接著，*右旋*讓樹得以平衡。此二步複合作業稱為*左 - 右旋*（*rotate left-right*）。「右 - 左」情形為「左 - 右」情形的鏡像，因而衍生出*右 - 左旋*（*rotate right-left*）的重新平衡樹作業。本書程式儲存庫包含這些複合作業的最佳化實作。

兩個新的輔助函式可解決節點左傾（或右傾）的不平衡狀況，如示例 6-11 所示。

示例 *6-11*　選擇適當旋轉策略的輔助函式

```
def resolve_left_leaning(node):                ❶
  if node.height_difference() == 2:
    if node.left.height_difference() >= 0:     ❷
      node = rotate_right(node)
    else:
      node = rotate_left_right(node)           ❸
  return node                                  ❼

def resolve_right_leaning(node):
  if node.height_difference() == -2:           ❹
    if node.right.height_difference() <= 0:    ❺
      node = rotate_left(node)
    else:
      node = rotate_right_left(node)           ❻
  return node                                  ❼
```

❶ 高度差為 + 2 時，表示節點向左傾斜。

❷ 確認 node 的 left 子樹部分向左傾斜而察覺 rotate_right 情況。

❸ 否則，node 的 left 子樹部分向右傾斜，表示 rotate_left_right 的順序無誤。

❹ 當高度差為 − 2 時，表示節點向右傾斜。

❺ 確認 node 的 right 子樹部分向右傾斜而察覺 rotate_left 情況。

❻ 否則，node 的 right 子樹部分向左傾斜，rotate_right_left 的順序無誤。

❼ 務必記得傳回（可能重新平衡的）子樹的節點。

此策略是在察覺到這種情況後立刻解決不平衡的節點。_insert() 的最終實作如示例 6-12 所示，即刻利用這些輔助函式解決問題。在某個節點的左子樹中加入一值永遠不會使該節點向右傾斜；同樣的，在節點的右子樹中加入一值永遠不會讓該節點向左傾斜。

示例 6-12　察覺到不平衡節點時的節點旋轉作業

```
def _insert(self, node, val):
  if node is None:
    return BinaryNode(val)

  if val <= node.value:
    node.left = self._insert(node.left, val)
    node = resolve_left_leaning(node)        ❶
  else:
    node.right = self._insert(node.right, val)
    node = resolve_right_leaning(node)       ❷

  node.compute_height()
  return node
```

❶ 若 left 子樹目前向左傾斜，則要解決之。

❷ 若 right 子樹目前向右傾斜，則要解決之。

本書程式儲存庫有這些旋轉函式的實作。表 6-4 描述 rotate_left_right 情況，呈現程式內容與重新平衡的樹。上半部，標示 new_root、其他受影響的節點及子樹；下半部，該樹被重新平衡。重點是，針對 child、node 計算各自的新高度。

請注意 rotate_left_right() 如何傳回平衡二元樹的新根節點，而更大的二元樹中可能存在此不平衡的節點。無須重新計算 new_root 的高度，原因是呼叫的函式——_insert() 或 _remove() 中——將執行此作業。你可以視覺確認衍生的二元樹是否依然符合二元搜尋樹性質：例如，30L 中所有值都大於或等於 10 並且小於或等於 30，因此這個子樹可以是根值 10 的右子樹。類似的參數詮釋標記為 30R 的子樹可以是內容值 50 之節點的左子樹。

表 6-4　左 - 右旋的實作

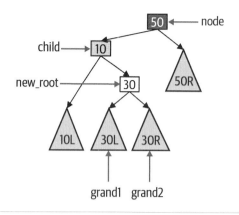

```
def rotate_left_right(node):
    child = node.left
    new_root = child.right
    grand1  = new_root.left
    grand2  = new_root.right
```

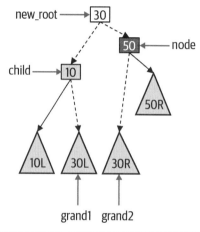

```
child.right = grand1
node.left = grand2
new_root.left = child
new_root.right = node

child.compute_height()
node.compute_height()
return new_root
```

修改後的 _insert() 方法此時依需求重新平衡此二元搜尋樹。使用這些輔助函式，對 _remove()、_remove_min() 做類似的修改，輕而易舉，如示例 6-13 所示。修改程式，在樹的結構發生變化時，引進四個有目的性的干預動作。

示例 6-13　更新 _remove() 以維持 AVL 性質

```
def _remove_min(self, node):
    if node.left is None: return node.right

    node.left = self._remove_min(node.left)
    node = resolve_right_leaning(node)        ❶
    node.compute_height()
    return node
```

```
def _remove(self, node, val):
  if node is None: return None

  if val < node.value:
    node.left = self._remove(node.left, val)
    node = resolve_right_leaning(node)            ❷
  elif val > node.value:
    node.right = self._remove(node.right, val)
    node = resolve_left_leaning(node)             ❸
  else:
    if node.left is None:  return node.right
    if node.right is None: return node.left

    original = node
    node = node.right
    while node.left:
      node = node.left

    node.right = self._remove_min(original.right)
    node.left = original.left
    node = resolve_left_leaning(node)             ❹

  node.compute_height()
  return node
```

❶ 移除以 node.left 為根節點的子樹中最小值，可能會讓 node 向右傾斜；依所需旋轉而重新平衡

❷ 移除 node 的 left 子樹中的值可能會讓 node 向右傾斜；依需要旋轉而重新平衡。

❸ 移除 node 的 right 子樹中的值可能會使 node 向左傾斜；根據需要旋轉而重新平衡。

❹ 在移除 node.right 傳回的子樹中最小值之後，node 可能向左傾斜；根據需要旋轉而重新平衡。

每當樹中插入或移除值時，AVL 的實作如今皆可適當地重新平衡。每次的重新平衡都有定量的作業，並以 O(1) 常數時間執行作業。由於 AVL 樹還是二元搜尋樹，因此不需要變更搜尋與遍歷函式。

自平衡二元樹的效能分析

compute_height() 輔助函式與各種節點旋轉方法都以常數時間執行——這些函式並無額外的遞迴叫用或迴圈。僅於查覺到某節點不平衡時，才會叫用這些樹維護函式。結果是，將值插入 AVL 樹中，需要旋轉的節點永遠不會超過一個。刪除值時，理論上可能會有多個節點要旋轉（參閱本章結尾的挑戰題，探究此行為）。在**最差情況**下，轉換個數永遠不會超過 log(N)，如此表示搜尋、插入、移除的執行時間效能皆為 O(log N)。

使用本章的資訊，讀者目前可以準備進一步研究各種遞迴資料結構。來到本章尾聲，此刻我們重新考量符號表、優先佇列資料型別，探究二元樹是否可以帶來更有效率的實作。

以二元樹實作 (鍵 , 值) 符號表

相同的二元搜尋樹結構可用於實作第 3 章所述的符號表資料型別，如圖 6-14 所示。

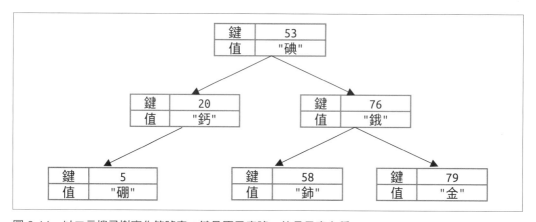

圖 6-14　以二元搜尋樹實作符號表：鍵是原子序號；值是元素名稱

為此，我們必須修改 BinaryNode 結構，同時儲存 key、value，如示例 6-14 所示。

示例 6-14　以二元樹儲存符號表而更新 BinaryNode

```
class BinaryNode:
  def __init__(self, k, v):
    self.key = k        ❶
    self.value = v      ❷
```

```
        self.left = None
        self.right = None
        self.height = 0
```

❶ 該 key 用於瀏覽二元搜尋樹。

❷ 該 value 含有與二元搜尋樹作業無關的各種資料。

BinaryTree 此時需要 put(k, v)、get(k) 函式（而不是 insert()、__contains__()），用於符號表的預計介面。上述變更幅度不大，只需要附加的變動，所以在此不會重寫程式碼；變更的內容放在相關的程式儲存庫（*https://oreil.ly/fUosk*）。瀏覽二元搜尋樹時，要向 left 還是向 right，基於 node.key 而定。

使用二元搜尋樹有額外的好處，即可以使用 __iter__() 遍歷函式*以升序檢索符號表的鍵*。

第 3 章描述開放定址與分別鏈結如何實作符號表資料型別。可以將二元搜尋樹的執行時間效能與開放定址、分別鏈結雜湊表的結果表現做比較，如表 3-4 所示。此試驗將英語字典中 N = 321,129 個單字插入符號表中。儲存所有單字的二元樹，其最小高度為何？請回想一下，此高度是由 $\log(N + 1) - 1$ 式子算得（即：17.293）。在英文字典中*以升序插入所有單字之後*，衍生的 AVL 二元搜尋，其高度為 18，如此進一步展現 AVL 樹在儲存資訊方面的效率。

第 3 章的雜湊表實作明顯優於二元搜尋樹，如表 6-5 所示。若讀者需要按升序排列符號表的鍵，則筆者建議檢索符號表的鍵，分別對它們做排序。

表 6-5　AVL 符號表實作與第 3 章的雜湊表相比（單位：秒）

類型	開放定址	個別鏈結	AVL 樹
建置時間	0.54	0.38	5.00
存取時間	0.13	0.13	0.58

以二元樹實作優先佇列

鑒於第 4 章所述的堆積資料結構是以二元樹結構為基礎，因此很自然的與 AVL 二元搜尋樹實作的優先佇列比較彼此的執行時間效能，其中 priority 用於瀏覽二元搜尋樹結構，如圖 6-15 所示。

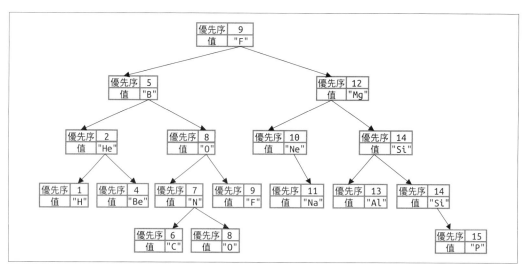

圖 6-15　作為優先佇列的二元搜尋樹：優先序是原子序號；值是元素符號

採用二元搜尋樹實作優先佇列有兩個好處：

* 陣列式堆積必須事先為固定數量的內容值建立儲存空間。利用二元搜尋樹，結構可成長至所需的大小。

* 堆積結構中，無移出值的情況下，就無法提供**以優先序**走訪優先佇列項目的疊代器 [5]。利用二元搜尋樹結構，則此時能以遍歷邏輯呈現此功能。

首先，BinaryNode 目前儲存 value 與 priority，如示例 6-15 所示。priority 欄位將針對搜尋、插入、移除作業而用於瀏覽二元樹。

示例 6-15　以二元樹儲存佇列而更新 BinaryNode

```
class BinaryNode:
  def __init__(self, v, p):
    self.value = v          ❶
    self.priority = p       ❷
    self.left  = None
    self.right = None
    self.height = 0
```

❶ 該 value 含有與二元搜尋樹作業無關的各種資料。

❷ priority 用於瀏覽二元搜尋樹。

5　參閱本章結尾的挑戰題，了解如何實作出來。

最大二元堆積中，優先序最高的項目位於 storage[1]，能以 O(1) 的常數時間找到它。使用二元搜尋樹儲存優先佇列時，情況並非如此。具有最高優先序的 BinaryNode 是二元樹中最右邊的節點。若以本章所述的技術平衡該潛在二元樹，則找到此值需要 O(log N) 的執行時間效能。

然而，最大的變化是，當優先佇列使用二元搜尋樹儲存內容時，唯一要移除的值是具有最高優先序的值；這表示不需要通用的 remove() 函式。而是在 PQ 中加入 _remove_max() 輔助函式，如示例 6-16 所示。其他輔助函式為標準優先佇列介面的一部分。請注意，PQ 類別將儲存管理成對資料的計數 N。

示例 6-16　*PQ 類別提供 enqueue()、dequeue() 函式*

```python
class PQ:
  def __init__(self):
    self.tree = BinaryTree()                                    ❶
    self.N = 0

  def __len__(self):
    return self.N

  def is_empty(self):
    return self.N == 0

  def is_full(self):
    return False

  def enqueue(self, v, p):
    self.tree.insert(v, p)                                      ❷
    self.N += 1

  def _remove_max(self, node):                                 ❸
    if node.right is None:
      return (node.value, node.left)                           ❹

    (value, node.right) = self._remove_max(node.right)         ❺
    node = resolve_left_leaning(node)                          ❻
    node.compute_height()                                      ❼
    return (value, node)

  def dequeue(self):                                           ❽
    (value, self.tree.root) = self._remove_max(self.tree.root)
    self.N -= 1
    return value                                               ❾
```

❶ 使用平衡的二元搜尋樹儲存資料。

❷ 要將一對 (v, p) 資料排入，讓該對資料插入二元搜尋樹，並把 N 的計數加 1。

❸ _remove_max() 輔助方法從根為 node 的子樹中移除具有最大優先序的節點，並將該節點內容值以及衍生子樹根節點以元組形式傳回。

❹ 基本情況：沒有右子樹，此節點具有最大優先序；傳回被刪除節點的內容值以及最終將取代它的左子樹。

❺ 遞迴情況：檢索已移除的 value 和新子樹的根。

❻ 若 node 失去平衡（目前可能向左傾斜），則旋轉修正。

❼ 計算 node 高度，然後將該節點與已被移除的值一併傳回。

❽ dequeue() 方法移除二元搜尋樹中具有最大優先序的節點並傳回被移除的值。

❾ 將計數 N 值遞減 1 之後，傳回與最高優先序關聯的 value。

此優先佇列實作的執行時間效能依然有 O(log N) 的表現，儘管以絕對的角度而言，它的執行時間比第 4 章的堆積式優先佇列實作要慢兩倍，不過還是屬於此一等級的效能。原因是，AVL 二元搜尋樹結構比優先佇列實際所需的維護工作量要大得多。然而，若你需要能夠按移除順序疊代處理其中的 (value, priority) 資料組，這會是個有效率的替代方案。

本章總結

二元樹是動態的**遞迴**資料結構，它將內容值組織成*左*、*右*子結構，有能力將 N 個值的集合均勻地細分為兩個結構，每個結構包含 N/2 個值（上下）。二元樹成為其他遞迴資料結構的基礎，這些結構造就高效率的實作內容，其中包括：

• 紅黑樹（red-black tree），為平衡二元搜尋樹而提供一種更有效率的方法（不過它的實作比 AVL 樹複雜）。

• B 樹、B+ 樹，用於資料庫與檔案系統。

• R 樹、R* 樹，用於空間資訊處理。

• *k*-d 樹、四元樹（quadtree）、八元樹（octree）用於空間分割結構。

總結：

• 因為樹是遞迴資料結構，所以自然會以遞迴函式操控這些結構。

- 遍歷二元搜尋樹，最常用的技術是**中序遍歷**（*inorder traversal*），它按升序傳回所有值。運算式遞迴結構包括**後序遍歷函式**，按後置（postfix）順序產生值，符合某些手持式計算機使用的後置表示法。

- 二元搜尋樹必須重新平衡結構，以確保能夠為關鍵作業達到 O(log N) 的執行時間效能。AVL 技術能夠強制實施 AVL 性質來平衡樹，即任何節點的高度差為 –1、0、1。為了有效率地完成此作業，每個二元節點還會將自己的高度儲存在樹中。

- 可以採用平衡的二元搜尋樹實作優先佇列，以儲存（值，優先序）資料組，使用優先序比較節點。這種結構的好處是，我們可以使用中序遍歷遍歷按優先序傳回優先佇列儲存的資料組，**而不會影響優先佇列的結構**。

- 可以使用平衡二元搜尋樹實作符號表，做法：強制限制二元搜尋樹中的每個鍵皆是唯一的。然而，這樣的實作效能將不如第 3 章所述的雜湊表實作有效率。

挑戰題

1. 撰寫一個遞迴函式 count(n, target)，傳回第一個節點為 n 的鏈結串列中含有的 target 個數。

2. 描繪內有 N 個節點的二元搜尋樹結構，且需要用 O(N) 時間找出前兩大值。接著，描繪內有 N 個節點的二元搜尋樹結構，且需要以 O(1) 時間找到前兩大值。

3. 若你要在二元搜尋樹中找到第 k 小的鍵，該怎麼辦？無效率的方法是遍歷整個樹，直到走訪過 k 個節點。另一種做法是，在 BinaryTree 加入函式 select(k)，傳回第 k 小的鍵（k 範圍從 0 到 N − 1）。針對有效率的實作，你需要擴增 BinaryNode 類別，儲存額外的欄位 N，記錄該節點為根的子樹中的節點數（該節點本身包括在內）。例如，葉子的 N 值為 1。

   此外，BinaryTree 中加入夥伴方法 rank(key)，該方法傳回範圍從 0 到 N − 1 的整數，用以表達按排序順序排列之 key 的秩（換句話說，樹中的鍵數絕對小於 key）。

4. 給定值 [3,14,15,19,26,53,58]，有 7! = 5,040 種排列組合可以將這七個值插入空的二元搜尋樹中。計算衍生的樹能夠以高度為 2 達完美平衡的結果有幾種（例如圖 6-3 所示的二元搜尋樹）。

   你能將結果推演到 2^{k-1} 個值的任何集合，並提供一個遞迴公式 c(k) 計算任何 k 的結果嗎？

5. 請 為 BinaryTree 撰 寫 contains(val) 方 法， 叫 用 BinaryNode 的 遞 迴 方 法 contains(val)。

6. 如本章所述，AVL 樹是自平衡的。對於給定的 N，你能否算出有 N 個值的 AVL 樹中最大高度（AVL 樹的內容不可能都像完全二元樹那樣完美緊湊）？隨機產生 10,000 個大小為 N 的 AVL 樹，並針對每個 N 值記錄最大觀測高度。

   建立一個表格，記錄此最大觀測高度增加的情況。預測 N 值為何，才能讓 AVL 樹 A（內有 N 個節點）的樹高比 AVL 樹 B（內有 N－1 個節點）的樹高多 1。

7. 完成示例 6-17 的 SpeakBinaryTree，它的 insert(val) 作業於執行時會產生英文描述。表 6-2 列出每個對應作業的預期輸出。此遞迴作業與本章其他作業不同，原因是它「由上而下」處理，而大多數遞迴函式是從基本情況「由下而上」處理。

   示例 6-17　_insert() 方法補強以傳回情況發生的描述

```
class BinaryNode:
  def __init__(self, val):
    self.value = val
    self.left  = None
    self.right = None

class SpeakingBinaryTree:
  def __init__(self):
    self.root = None

  def insert(self, val):
    (self.root,explanation) = self._insert(self.root, val,
        'To insert `{}`, '.format(val))
    return explanation

  def _insert(self, node, val, sofar):
    """
    將 val 插入根節點為 node 的子樹而生的
    (node, explanation) 傳回。
    """
```

修改 _insert() 函式，以傳回 (node, explanation) 元組，其中 node 是處理結果的 node，而 explanation 為不斷擴增的動作解釋內容。

8. 撰寫 check_avl_property(n) 方法，驗證根為 n 的子樹，確保 (a) 每個子孫節點的 height 計算正確，以及 (b) 每個子孫節點都滿足 AVL 樹性質。

9. 撰寫 tree_structure(n) 函式，以前序（prefix）產生帶有括號的字串，而描繪根為 n 的二元樹結構。就前序而言，在左、右內容之前先印節點值。此字串應使用逗號、括號分隔資訊，以便後續的剖析。對於圖 6-3 的完全二元樹，結果字串應為 '(19,(14,(3,,),(15,,)),(53,(26,,),(58,,)))'，而針對圖 6-5 左邊的二元樹，結果字串應為 '(5,(4,(2,(1,,),(3,,)),),(6,,(7,,)))'。

   撰寫夥伴函式 recreate_tree(expr)，接納 expr 樹結構字串（運用括號），並傳回二元樹的根節點。

10. 若將左 - 右旋、右 - 左旋計為單一旋轉（左旋、右旋也是），則把值插入 AVL 二元搜尋樹時，單一旋轉的次數永遠不會超過一次。然而，移除 AVL 樹中的某個值，可能需要多次旋轉。

    移除單一值時需要多次節點旋轉的最小 AVL 二元搜尋樹為何？這樣的樹必須至少有四個節點。回答這個問題，必須測量旋轉方法，加計旋轉使用次數計數。此外，使用上個題目中 tree_structure() 的結果記錄該樹，以便在察覺多次旋轉後可將結構恢復。撰寫函式：(a) 隨機產生 10,000 個 AVL 樹（內含的節點數介於 4 到 40 之間），以及 (b) 對於每一棵樹，選擇其中一個要移除的內容值（內容值皆隨機產生）。你應該能夠算出 AVL 樹的大小（針對移除需求最多進行三次旋轉的 AVL 樹）。在此提示，你應該產生一個 AVL 樹，內有 4 個節點，而針對給定的移除需求進行 1 次旋轉，以及產生一個 AVL 樹，內有 12 個節點，針對給定的移除需求進行 2 次旋轉。你可以找到的最小 AVL 樹（針對給定的移除需求進行 3 次旋轉的 AVL 樹）為何？

11. 內有 N = 2^k – 1 個節點的完全二元樹，是儲存 N 個節點最緊湊的表示方式。這個問題是你可以建構「最不緊湊的」 AVL 樹為何？費氏樹（Fibonacci tree）是個 AVL 樹，對於每個節點來說，左子樹的高度比右子樹的高度大（1）。可以將它視為 AVL 樹，其離重新平衡作業只差一個插入作業。撰寫遞迴函式 fibonacci_avl(N)，對於 N > 0 傳回代表費氏樹根的 BinsryNode。此為較簡單的做法，不涉及任何 BinaryTree 物件。傳回的根節點包含內容值 F_N。例如，fibonacci_avl(6) 將傳回圖 6-16 所述的二元樹根節點。

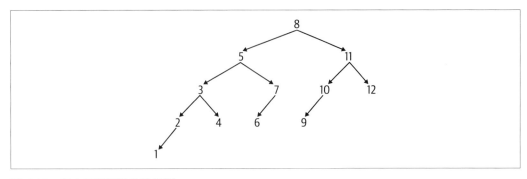

圖 6-16　有十二個節點的費氏樹

第七章

圖～盡在連結

你將於本章學到：

- **堆疊**抽象資料型別。

- **索引最小優先佇列**資料型別（本書最後論述的資料型別）。

- 如何使用點與邊為**圖**建模。有向圖的邊具有方向性；加權圖的邊具有關聯數值。

- 深度優先搜尋如何以堆疊達成圖的搜尋。

- 廣度優先搜尋如何以佇列搜尋圖的內容。若起點與終點間有個路徑，則廣度優先搜尋將傳回其中的最短路徑。

- 如何判斷有向圖含有**環**：從特定點開始而結束於同個點的一組邊。

- 如何於有向圖中使用拓撲排序產生與有向圖所有相關項目相容的線性順序點。

- 如何得知加權圖某點到其他所有點的最短累計路徑。

- 如何得知加權圖任何兩點間的最短累計路徑。

有效率的以圖儲存有用資訊

之前已針對資訊系統中「資料儲存與處理」相關的常見問題介紹解決演算法。只要我們能夠對這些問題正確建模，這些演算能夠解決現實世界的問題不計其數。接著我們將使用圖（*graph*）解決以下三種問題：

- 可通往其他房間的房門所組成的迷宮。找到入口到出口的最短路徑。

- 以工作集合描述的專案，其中某些工作需要在其他工作完成之後才能開始。組合線性排程，描述得以完成專案的工作執行順序。

- 內含高速公路路段集的地圖，其中包括路段長度（單位：英里）。找出地圖中任何兩個位置間的最短行駛距離。

上述每個問題皆可以用圖執行有效率的建模，這是數學家幾個世紀以來所研究的基本概念。為資料間的關係建模往往與資料本身同樣重要。圖將資訊建模成由邊（*edge*）連接的點（*node*）。存在任何數量的邊 $e = (u, v)$，用於表示點 u、v 間的某種關係。如圖 7-1 所示，圖可以為各種應用領域的概念建模。**無向圖**（*undirected graph*）可以為丙烷分子中碳原子、氫原子間的結構關係建模。行動裝置 app 可以用**有向圖**（*directed graph*）表示單行道方向，而提供紐約市的行車路線。駕駛的道路圖集可以將新英格蘭地區各州首府間的行駛距離表示為**加權圖**（*weighted graph*）。利用一些運算，我們可以知道康州哈特福特（Hartford）到緬因州班哥爾（Bangor）的最短行駛距離為 278 英里。

圖是一種資料型別，其中包含 N 個點的集合，每個點都有唯一標籤表示該點[1]。我們可以在圖中用**邊**將兩個點 u、v 相連。邊則以 (u, v) 表示，而 u、v 稱為此邊的**端點**（*endpoint*）。邊 (u, v) 將 u、v 連接起來，因此 u 鄰接 v（反之亦然，v 鄰接 u）。

圖 7-2 的圖有 12 個點、12 個邊。想像一下，每個點代表一座島，邊是連接島的橋樑。旅行者可以從 B2 島走到 C2 島或從 C2 島走到 B2 島；然而，旅行者無法從 B2 島直接走到 B3 島，不過可以從 B2 島過橋到 C2 島，然後從 C2 島過橋到 C3 島，最後從 C3 島過橋到 B3 島。基於這種島及橋的表示方式，旅行者可以找到一系列的橋樑，而倘佯於任意的「B」、「C」兩島間，然而儘管有連接「A」島的橋樑，卻沒有辦法從「A」島到「B」島旅行。

已知內有點與邊的圖，常見的問題是，僅用圖中的邊計算起點（*source*）至終點（*target*）的路徑（譬如 B2 島的點為起點、B3 島的點為終點）。

1　圖的點往往稱作 vertex（頂點），本章為配合 networkx 而以 *node*（節點）稱之。（譯註：若無明顯區分的必要，則譯文皆以「點」表示之。）

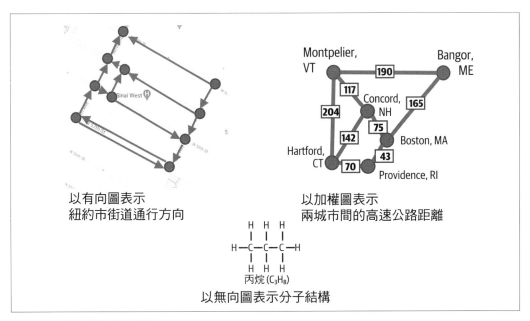

以有向圖表示
紐約市街道通行方向

以加權圖表示
兩城市間的高速公路距離

以無向圖表示分子結構

圖 7-1　針對各種問題建模的圖

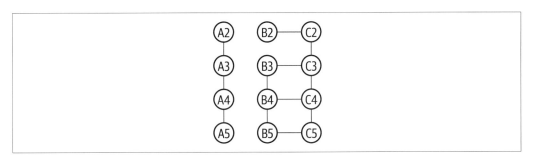

圖 7-2　無向圖（12 個點、12 個邊）

路徑（*path*）是起於起點、終於終點的一組邊組成。每個邊就其兩端點間自然構成一條路徑，而沒有邊相連的兩點又是怎麼樣呢？圖 7-2 有一條從 B2 點到 B3 點的路徑，沿途的邊序列為 (B2, C2)、(C2, C3)、(C3, B3)。

路徑中接連的邊須從前一個邊的終止點開始；路徑也能以列出沿途遇到的點序列表示，例如：[B2, C2, C3, B3]。從 B2 到 B3 的另一條較長路徑為 [B2, C2, C3, C4, B4, B3]。環（*cycle*）是開頭與結尾為同一點的路徑（譬如：[C4, C5, B5, B4, C4]）。若圖中從 *u* 到 *v* 有個（邊）路徑，則表示從點 *u* 可到達點 *v*。某些圖中，兩點間可能沒有路徑，例如圖

7-2 的圖中沒有路徑可從 A2 到 B2。這種情況的圖被視為**不連通**（*disconnected*）。對於**連通**（*connected*）圖而言，可以計算圖中任意兩點間的路徑。

本章將介紹三種圖：

無向圖（*undirected graph*）

此圖的邊 (u, v) 連接兩點，使得 u 鄰接 v 以及 v 鄰接 u。這就像一座可以向任一方向行進的橋樑。

有向圖（*directed graph*）

此圖的邊 (u, v) 都有固定方向。(u, v) 表示 v 鄰接 u，但反向（即 u 鄰接 v）則不成立。這就像一座單向橋，旅行者可以用它從 u 島走到 v 島（但反向不可行）。

加權圖（*weighted graph*）

此圖的邊 $(u, v, weight)$ 中，*weight* 是與邊關聯的數值（注意：此種圖可為有向的，也可以是無向的）。這個權重表示 u、v 間的關係程度；例如，權重可以表示 u、v 點建模位置間的物理距離（單位：英里）。

本章所有圖都是簡單圖，如此表示每邊皆是唯一（即：同一對點之間不能有多個邊），而且沒有自環（self-loop，即：點自己連自己所構成的邊）。圖的邊不是全部有向，就是全部無向。同樣的，圖的邊要麼全部加權，要麼全部都無相關權重。

對於本章的演算法，我們需要可提供下列功能的圖資料型別：

- 傳回圖的點數 N、邊數 E。
- 產生點、邊的集合。
- 為已知點產生相鄰點、相鄰邊。
- 將點、邊加入圖中。
- 移除圖中某點、邊——對於本章介紹的演算法而言，這並非必要功能，但為了完整性，筆者將其納入。

Python 無內建此功能的資料型別。讀者需要安裝 NetworkX（*https://networkx.org*）開源函式庫，方可建立、操作圖，而不用從無到有的實作。如此可以確保我們不會把時間花在重新發明輪子，而且我們可以存取 `networkx` 實作的許多圖演算法。此外，`networkx` 可與其他 Python 函式庫無縫整合，而將圖視覺化呈現。示例 7-1 的程式建構圖 7-2 所示的圖。

示例 7-1　圖 7-2 之圖的建置程式

```python
import networkx as nx
G = nx.Graph()                                          ❶
G.add_node('A2')                                        ❷
G.add_nodes_from(['A3', 'A4', 'A5'])                    ❸

G.add_edge('A2', 'A3')                                  ❹
G.add_edges_from([('A3', 'A4'), ('A4', 'A5')])          ❺

for i in range(2, 6):
  G.add_edge('B{}'.format(i), 'C{}'.format(i))          ❻
  if 2 < i < 5:
    G.add_edge('B{}'.format(i), 'B{}'.format(i+1))
  if i < 5:
    G.add_edge('C{}'.format(i), 'C{}'.format(i+1))

>>> print(G.number_of_nodes(), 'nodes.')                ❼
>>> print(G.number_of_edges(), 'edges.')
>>> print('adjacent nodes to C3:', list(G['C3']))       ❽
>>> print('edges adjacent to C3:', list(G.edges('C3'))) ❾
12 nodes.
12 edges.
adjacent nodes to C3: ['C2', 'B3', 'C4']
edges adjacent to C3: [('C3', 'C2'), ('C3', 'B3'), ('C3', 'C4')]
```

❶ nx.Graph() 建構新無向圖。

❷ 點可以是任何可雜湊的 Python 物件（None 除外）；字串是不錯的選擇。

❸ 使用 add_nodes_from() 將串列中多個點加入。

❹ 使用 add_edge(u, v) 在 u、v 兩點間加一個邊。

❺ 使用 add_edges_from() 將串列多個邊加入。

❻ 若將某個邊加入圖中（與邊關聯的點被加入之前），則對應的點會自動加到圖中。

❼ 圖可以回報其中的點、邊數量。

❽ 使用 G[v] 尋找功能找出與 v 相鄰的點。

❾ 使用 G.edges(v) 函式尋找與 v 相鄰的邊。

你可能想知道執行所求時相鄰點（或邊）的傳回順序。在隨後的程式中，求取相鄰邊或點時，不能期望它們將按特定順序被傳回。

以深度優先搜尋解開迷宮

已知矩形迷宮，如圖 7-3 所示，我們要如何撰寫程式解開這個迷宮？這個由 15 格組成的 3 x 5 迷宮，它的入口位於頂端，預定的出口位於底端。要在迷宮中移動，我們只能在未被牆擋住的房間之間水平、垂直移動。第一步是以 15 點組成的無向圖為迷宮建模，其中以一點（標記為 (列，行)）為迷宮的一格建模。例如，迷宮的起點為 (0, 2)，終點為 (2, 2)。第二步是針對兩點 (u, v) 所對應的迷宮格而言，若兩格之間沒有牆，則在兩點之間加一個邊。衍生的圖與迷宮疊在一起呈現，因此我們可以看到迷宮格與圖點間的一對一對應關係。

尋找起點 (0, 2)、終點 (2, 2) 間的路徑，等同於求原矩形迷宮的解。筆者將說明解決此種迷宮的技術（無論迷宮的大小為何）。若你試圖自行解這個迷宮，將發現不同路徑，捨棄那些「死路」，直到找到最終解。你可能沒有注意到，在此有個明顯優勢，可以一目了然地看到整個迷宮，而可以依自己多接近終點的感覺決定要探索的路徑。不過換個角度，想像一下，你被困在迷宮裡 [2]，只能看到直接連接自己所站之格的其他格——這些限制使採取的解決方法截然不同。

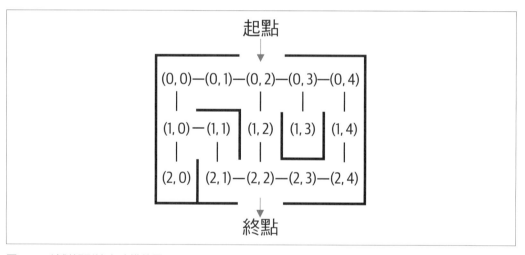

圖 7-3　針對矩形迷宮建模的圖

讓我們利用迷宮對應的無向圖（如圖 7-4 所示），定個策略，求迷宮解。這些迷宮是隨機產生的，生成本身就是有趣的練習 [3]。

2　這可能是實際生活中的玉米田迷宮！位於加州狄克遜的 *Cool Patch Pumpkins* 是世界上最大的玉米田迷宮，占地 63 英畝。需要數個小時才能走出迷宮。

3　詳細資訊，請參閱程式 ch07.maze。

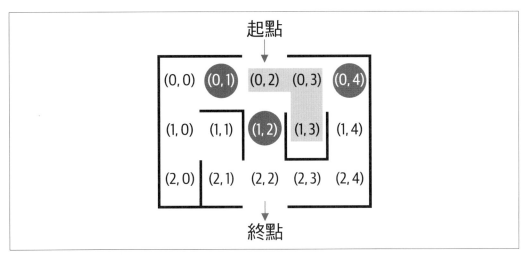

圖 7-4 探索迷宮時遇到死路

從起點 (0, 2) 開始，我們將看到由邊連接的三個相鄰點；隨意往東到 (0, 3)，不過要把 (0, 1)、(1, 2) 作為潛在的探索點。點 (0, 3) 有三個相鄰點，但要記得我們來自 (0, 2)，不能重複到已去過的地方，所以任意向南走到 (1, 3)，此外要將 (0, 4) 作為潛在的探索點。方才依循圖 7-4 淺灰色區域的路徑，而走進死路。

因為沒有未見過的相鄰點，所以可知 (1, 3) 是死路。這時該怎麼辦？圖 7-4 有圈選出可到達卻尚未探索的點：若回到這些先前點的其中之一，從那裡繼續搜尋，也許搜尋會更有效果。

以下為圖搜尋演算法動作的粗略綱要（從指定的起點開始探索圖）：

- 標記我們走訪的每個點。
- 就目前的點，找尋尚未標記為已走訪的相鄰點，接著任意選擇其中一個點探索。
- 回到遇死路之前記錄的最後一個未標記點。
- 繼續探索，直到標記所有可走訪的點。

搜尋演算法完成後，應該可以在圖中重建從起點到任何點的路徑。為了實現所需，搜尋演算法必須傳回一個結構，其中包含足夠的資訊來支援此功能。常見的解法是傳回 node_from[] 結構，其中 node_from[v] 不是 None（若無法從起點到 v 的話），就是 u（即在探索 v 之前先探索的點）。圖 7-4 的 node_from[(1, 3)] 是點 (0, 3)。

此演算法綱要無法在簡單的 while 迴圈中運作（如同搜尋鏈結串列某個值一般所為）。此時筆者改用堆疊（stack）抽象資料型別說明如何在探索圖時以此維護搜尋狀態。

若你曾在自助餐廳吃飯，毫無疑問的是，會從一堆托盤中拿取最上面那個托盤。堆疊資料型別呈現此種托盤堆的行為。堆疊有 push(value) 作業，將 value 加入成為堆疊頂端最新值，而 pop() 會刪除堆疊頂端的值。這種情境的另一種描述方式是「後進先出」（LIFO），此為「Last [one] in [the stack is the] first [one taken] out [of the stack]」（堆疊中最後一個元素是第一個從堆疊中被取出的元素）的簡寫。若將三個值（1、2、3）依序推入（push）堆疊，則三者從堆疊彈出（pop）的順序為 3、2、1。

採用示例 6-1 的 Node 鏈結串列資料結構，示例 7-2 的 Stack 實作有個 push() 作業，將值加於鏈結串列開頭。pop() 方法移除並傳回鏈結串列中的首值；如此所示，這是堆疊的行為。Stack 的 push()、pop() 作業表現為常數時間，與堆疊的內容值個數無關。

示例 7-2　Stack 資料型別（以鏈結串列實作）

```
class Stack:
  def __init__(self):
    self.top = None                        ❶

  def is_empty(self):
    return self.top is None                ❷

  def push(self, val):
    self.top = Node(val, self.top)         ❸

  def pop(self):
    if self.is_empty():                    ❹
      raise RuntimeError('Stack is empty')

    val = self.top.value                   ❺
    self.top = self.top.next               ❻
    return val
```

❶ 起初，top 是 None，表示一個空的 Stack。

❷ 若 top 為 None，則 Stack 為空。

❸ 確保新 Node 是鏈結串列中第一個點，現有的鏈結串列則成為其餘內容。

❹ 空的 Stack 導致 RuntimeError。

❺ 從堆疊 top 取得要被傳回的最新值。

❻ 重設 Stack，使得下個 Node 此時位於頂端（若為 None，則 Stack 為空）。

深度優先搜尋（Depth First Search）演算法使用堆疊記錄未來將探索的標記點。示例 7-3 為堆疊式的深度優先搜尋實作。將搜尋策略稱為**深度優先**，原因是不斷嘗試前進，總是期望解僅一步之遙。

從起點 src 開始，該點被標記為已走訪（即：將 mark[src] 設為 True），然後推入堆疊做進一步處理。while 迴圈的每次運作時，堆疊都包含已走訪與已標記的點：將它們從堆疊中彈出，一次一個，未標記的相鄰點被標記並加入堆疊做進一步處理。

示例 7-3　深度優先搜尋（從指定的起點 *src* 搜尋圖）

```
def dfs_search(G, src):        ❶
  marked = {}                  ❷
  node_from = {}               ❸

  stack = Stack()
  marked[src] = True           ❹
  stack.push(src)

  while not stack.is_empty():  ❺
    v = stack.pop()
    for w in G[v]:
      if not w in marked:
        node_from[w] = v       ❻
        marked[w] = True       ❼
        stack.push(w)

  return node_from             ❽
```

❶ 對圖 G 執行深度優先搜尋，從起點 src 開始。

❷ marked 字典記錄已走訪的點。

❸ 記錄搜尋到每個點的情形：node_from[w] 是往回到 src 路徑上的前一個點。

❹ 標記 src 點並將該點放入 Stack 中開始搜尋。Stack 的頂點表示下個要探索的點。

❺ 若深度優先搜尋尚未完成，則 v 是下個要探索的點。

❻ 對於每個未標記的點 w，有鄰接 v，請記住，要到 w，可從 v 搜尋。

❼ 將 w 推入堆疊的頂端並將它標記，這樣它就不會再度被走訪。

❽ 傳回記錄每個點 v（於 src 初始搜尋路徑的前一個點）的搜尋結構。

圖 7-5 視覺化呈現深度優先搜尋的執行情形，顯示 while 迴圈每次作業的堆疊更新狀態。堆疊頂端深灰色的點是目前正在探索的格；堆疊的其他點表示**未來會處理**的點。我們可能想知道深度優先搜尋如何避免漫無目的地不停徘徊。每次將點推入堆疊時，都會標記該點，如此表示該點不再被推入堆疊中。針對 w 的 for 迴圈將找到所有鄰接 v 的未標記點（尚未探索）：此時將標記每個 w 並將 w 推入堆疊做進一步探索。

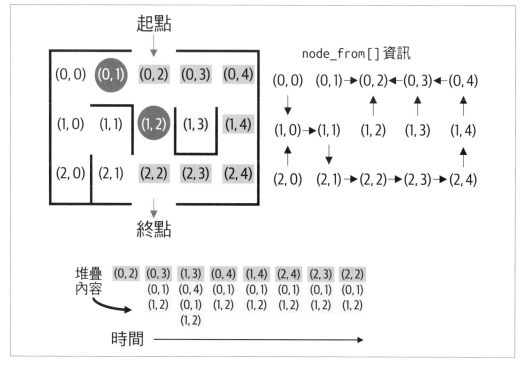

圖 7-5　深度優先搜尋找到終點（若可從起點到達的話）

該搜尋於 (1, 3) 找到首條死路，不過很快就復活，將點 (0, 4) 彈出讓搜尋持續。圖 7-5 呈現的是找到終點後的暫停搜尋狀態，不過演算法會持續搜尋，直到圖中可從 src 到達的所有點皆已被探索並且堆疊為空。

因為 (a) 圖中點的數量有限，以及 (b) 未標記的點在被推入 stack 之前先被標記，所以堆疊最終將為空。由於點永遠不會一直處於「未標記」，因此最終可以從 src 到達的每個點都將被推入 stack 一次，隨後在 while 迴圈中被移除。

衍生的深度優先搜尋樹呈現在圖 7-5 的右邊，位於 node_from[] 結構中。因為所有箭頭之間並沒有形成環，所以此結構可以稱為樹。其中編碼資訊藉由往回運作可用於尋得圖中 (0, 2) 到任何可達點的路徑。例如：node_from[(0, 0)] = (1, 0)，表示從 (0, 2) 到 (0, 0) 路徑上的倒數第二個點是 (1, 0)。

計算出的六步解不是到達終點的最短路徑。深度優先搜尋不能確保探索路徑的長度，不過最終可找到從指定起點到每個可達點的路徑。已知在 src 初始深度優先搜尋所計算的 node_from[] 結構，示例 7-4 的 path_to() 函式計算從 src 到可從 src 到達的任何 target 的點序列。每個 node_from[v] 記錄從 src 搜尋時遇到的前個點。

示例 7-4　尋得源於 node_from[] 的實際路徑

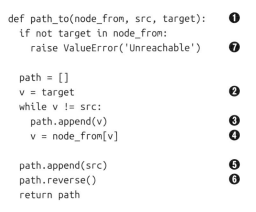

❶ 需要 node_from 結構才能尋得從 src 到任何 target 的路徑。

❷ 要尋得路徑，可將 v 設為終點。

❸ 只要 v 不是 src，就將 v 附加到 path（此為從 src 到 target 路徑上尋得點形成的反向串列）。

❹ 將 v 設為 node_from[v] 記錄的前個點，持續往回處理。

❺ 一旦遇到 src，while 迴圈終止運作，因此必須附加 src 完成反向路徑。

❻ 傳回 path 的反向內容，產生從 src 到 target 的正確順序項目。

❼ 若 node_from[] 不包含 target，則無法從 src 到達。

path_to() 函式以相反順序計算從 target 往回到 src 的點序列；而它只是反轉探索點的順序，以正確的順序產生解。若我們嘗試尋覓的路徑有無法存取的點，則 path_to() 將引發 ValueError。

深度優先搜尋反覆往任意方向前進，期望距離目的地只有一個點之差。此時，讓我們看一個更有條理的搜尋策略。

採取不同策略的廣度優先搜尋

廣度優先搜尋（Breadth First Search）按點與起點的距離差異順序探索點。圖 7-6 使用圖 7-3 的迷宮，藉由距起點的最短距離區別圖中每一格。如此所示，在迷宮中找到一條只有三格長的路徑。事實上，廣度優先搜尋始終就走訪的邊數找出圖中最短路徑。

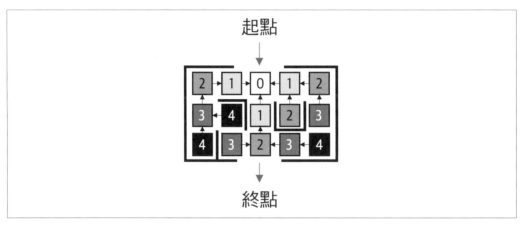

圖 7-6　廣度優先搜尋找出到達終點的最短路徑（若可從起點到達的話）

為了得知廣度優先搜尋背後的一些直覺內容，可觀測圖 7-6，迷宮中有三個點距離起點只有一步之遙——其中任何一點都可能造就到達終點的最短距離解，不過，我們當然無法知道是哪一個造成的。廣度優先搜尋不是只選其中一個點做探索，而是採用每個點往前一步，直到找到兩步之遙的那些點。利用這樣有條理的方法，探索圖時不會做出任何輕率的決定。

廣度優先搜尋不像深度優先搜尋那樣樂觀，而是依序探索這些點，直到走訪了距離起點僅一步之遙的所有點；結果找到四個點（圖 7-6 中標記為 2 的點），距離起點兩步之遙。以類似的方式，將依序探索這些點，直到走訪了距離起點兩步之遙的所有點，進而找到四個點距離起點三步之遙。此程序持續進行，直到走訪途中可從起點到達的每個點。

廣度優先搜尋需要一個結構記錄點,因為必須確保在走訪距離為 d 的所有點之前,不會走訪距離為 d + 1 的點。第 4 章介紹的佇列資料型別可依此順序處理點,原因是佇列強制實行「先進先出」(FIFO)策略用於增加值和移除值作業。示例 7-5 的程式與深度優先搜尋程式幾乎完全一樣,差別是以佇列儲存*現行搜尋空間*(*active search space*),即正在進行探索的點。

示例 7-5　廣度優先搜尋(從指定的起點搜尋圖)

```
def bfs_search(G, src):      ❶
  marked = {}                ❷
  node_from = {}             ❸

  q = Queue()
  marked[src] = True         ❹
  q.enqueue(src)

  while not q.is_empty():     ❺
    v = q.dequeue()
    for w in G[v]:
      if not w in marked:
        node_from[w] = v      ❻
        marked[w] = True      ❼
        q.enqueue(w)

  return node_from            ❽
```

❶ 對圖 G 執行廣度優先搜尋,從起點 src 開始。

❷ marked 字典記錄已走訪的點。

❸ 記錄搜尋到每個點的情形:node_from[w] 是往回到 src 路徑上的前一個點。

❹ 標記 src 點並將它放入 Queue 中開始搜尋。Queue 的第一個點表示下個要探索的點。

❺ 若廣度優先搜尋尚未完成,則 v 是下個要探索的點。

❻ 對於每個未標記的點 w,有鄰接 v,請記住,要到 w,可從 v 搜尋。

❼ 將 w 至於佇列結尾作為要探索的最後一個點,並標記它,讓它不會被多次走訪。

❽ 傳回記錄每個點 v(於 src 初始搜尋路徑的前一個點)的**搜尋結構**。

因為廣度優先搜尋以距起點遠近的遞增順序探索點，所以可達圖中任何點的結果路徑都將是最短路徑[4]。我們可以使用同一個 path_to 函式尋得圖中從 src 到特定點（可從 src 到達的任意點）的路徑。如圖 7-7 所示，廣度優先搜尋有條理地探索圖。

佇列依距起點的遠近順序維護搜尋空間；點依其與起點的距離遠近而在佇列中以不同的灰階區塊表示。每當遇到死路時，並不會排入新的點。請注意，終點 (2，2) 將於 for 迴圈內加入佇列中，不過視覺化內容呈現的是它在外層 while 迴圈被移出的時候。距離起點少於 2 步的點均已被處理，佇列中最後一個點距離起點有 3 步之差。

只是為了好玩，筆者將說明矩形迷宮的第三種解法，考量某點與終點的距離。深度優先搜尋和廣度優先搜尋皆為盲目搜尋（*blind search*）：它們僅使用與相鄰點有關的區域資訊做搜尋。人工智慧領域已開發許多路徑找尋（path-finding）演算法，這些演算法對於提供應用領域相關資訊，能夠更有效率的完成搜尋。

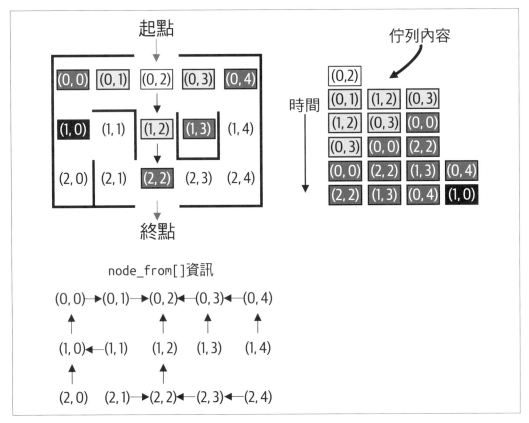

圖 7-7　廣度優先搜尋找出每個點的最短路徑

4　可能有多條相同長度的路徑，而廣度優先搜尋將找到其中一條較短路徑。

引導搜尋（Guided Search）以點與終點的最短物理距離依序探索點；為此，我們需要確定點與終點距離多遠。讓我們將迷宮中兩格間的曼哈頓距離（*Manhattan distance*）定義為兩點間隔的列數、行數兩者之和[5]。例如，示例迷宮左下角的點 (2, 0) 與點 (0, 2) 有四步之差（相差兩列以及兩行）。

已知示例迷宮中起點 (0, 2) 的三個相鄰點，引導搜尋首先探索 (1, 2)，原因是它距離終點 (2, 2) 僅有一步之遠；另外兩個相鄰點都採用曼哈頓距離則有三步之差。為了讓這個想法能夠運作，需要使用資料結構儲存正在被探索的點，這個結構可讓我們檢索最接近終點的點。

常見的技巧是使用最大優先佇列，如第 4 章所述，而將某點的優先序定義為從該點到終點之曼哈頓距離的負值。以兩點為例，其中點 u 距離終點十步之遠，點 v 距離終點五步之差。若這點儲存在內有 $(u, -10)$、$(v, -5)$ 的最大優先佇列中，則優先序較大的點是 v，即為較更接近終點的點。示例 7-6 的結構與「廣度優先搜尋」和「深度優先搜尋」程式雷同，不過在此使用優先佇列儲存探索點的現行搜尋空間。

示例 7-6　引導搜尋（使用曼哈頓距離控制搜尋）

```
def guided_search(G, src, target):          ❶
  from ch04.heap import PQ
  marked = {}                                ❷
  node_from = {}                             ❸

  pq = PQ(G.number_of_nodes())               ❹
  marked[src] = True
  pq.enqueue(src, -distance_to(src, target)) ❺

  while not pq.is_empty():                    ❻
    v = pq.dequeue()

    for w in G.neighbors(v):
      if not w in marked:
        node_from[w] = v                      ❼
        marked[w] = True
        pq.enqueue(w, -distance_to(w, target)) ❽

  return node_from                            ❾

def distance_to(from_cell, to_cell):
  return abs(from_cell[0] - to_cell[0]) + abs(from_cell[1] - to_cell[1])
```

5　之所以如此稱呼是因為在格狀街道規劃的城市中，我們無法沿對角線移動，只能向上、向下、向左、向右移動。

❶ 對圖 G 執行引導搜尋，從起點 src 開始，知曉要找的 target。

❷ marked 字典記錄已走訪的點。

❸ 記錄搜尋到每個點的情形：node_from[w] 是往回到 src 路徑上的前一個點。

❹ 使用堆積式優先佇列，必須預先配置足夠空間，盡可能囊括圖的所有點。

❺ 將 src 標記並放入最大優先佇列中，開始搜尋（以它與 target 的距離負值作為它的優先序）。

❻ 若引導搜尋尚未完成，則最接近 target 的點是下個要探索的點。

❼ 對於每個未標記的點 w，有鄰接 v，請記住，要到 w，可從 v 搜尋。

❽ 將 w 放入優先佇列的適當位置，使用曼哈頓距離的負值作為優先序，並將它標記，讓它不會被多次走訪。

❾ 傳回記錄每個點 v（於 src 初始搜尋路徑的前一個點）的搜尋結構。

引導搜尋的智囊是 distance_to() 函式，用於計算兩點間的曼哈頓距離。

無法保證引導搜尋會找到最短路徑，而且它會預先假設單一終點做引導搜尋。此外，它沒有優於廣度優先搜尋，後者不僅保證可以找出到達終點的最短路徑，還可以找到可從起點到的圖中每個點之最短路徑：然而，如此為之，廣度優先搜尋可能會探索圖中相當多處。希望的是引導搜尋可以降低隨機迷宮圖上不必要的搜尋。圖 7-8 呈現三種搜尋演算法針對同個迷宮的並列比較。

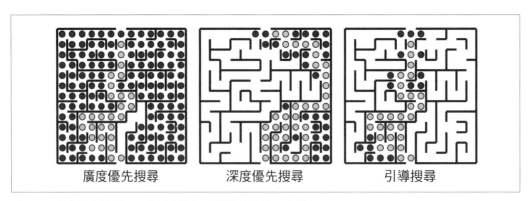

圖 7-8　廣度優先搜尋、深度優先搜尋、引導搜尋並列比較

廣度優先搜尋因其條理分明的運作特性，可能會探索最多點。深度優先搜尋為了找到最短的路徑，必須反覆選擇要行進的正確方向，這是不太可行的。不能保證引導搜尋將算出起點與終點間的最短路徑，但如圖 7-8 所示，它因瞄準目標（終點）而可降低側面探索。

這些搜尋演算法使用 marked 字典確保 N 個點中各個點僅被走訪一次。此觀測結果表示，每個演算法的執行時間效能為 O(N)，但要確認這一點，我們必須驗證各個作業的效能。使用 Stack，它的作業執行表現為常數時間——push()、pop()、is_empty()。唯一要在意的是 for w in G[v] 迴圈的效率，它將傳回 v 的相鄰點。要對此 for 迴圈的效能分級，我們需要知道圖如何儲存邊。對於圖 7-3 的迷宮，有兩個選項（如圖 7-9 所示）：相鄰矩陣、相鄰串列。

相鄰矩陣（*adjacency matrix*）

相鄰矩陣建立 N×N 的二維矩陣 M，其內有 N^2 個布林值項目。每個點 u 被指派一個整數索引 u_{idx}（範圍從 0 到 N－1）。若 $M[u_{idx}][v_{idx}]$ 為 True，則有個邊是從 u 連到 v。這些邊會以黑色區塊表示，其中 u 是列標籤，v 是行標籤。採用相鄰矩陣，檢索點 u 的所有相鄰點，需要 O(N) 的執行時間效能，以針對 u 檢查 M 中每個項目，而不論實際存在多少個相鄰點。由於 while 迴圈執行 N 次，目前內層 for 迴圈需要 O(N) 效能來檢查 M 中 N 個項目，如此表示搜尋演算法被歸為 $O(N^2)$ 等級。

相鄰串列（*adjacency list*）

相鄰串列使用與每個點 u 關聯的符號表，即相鄰點的鏈結串列。檢索一個點 u 的所有相鄰點，所需的執行時間與 d 成正比，其中 d 是點 u 的度（*degree*），或稱為 u 的相鄰點數量。因為基於邊加入圖中情況，所以這些相鄰點並無預先確定的順序。針對每個點 u 視覺化呈現這些鏈結串列，如圖 7-9 所示。使用相鄰串列，某些點的相鄰點不多，而其他點的相鄰點較多。

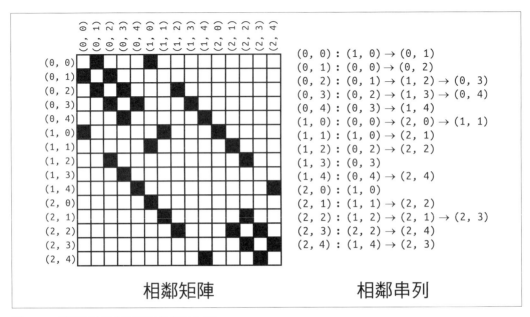

相鄰矩陣   相鄰串列

圖 7-9   相鄰矩陣與相鄰串列的表示內容

示例 7-7 的程式片段顯示，採用相鄰串列表示時，深度優先搜尋的執行時間基於圖中的邊數 E。並非計數正在處理的點數，而是計數正在處理的邊數。

示例 7-7   基於邊數顯示的效能（程式片段）

```
while not stack.is_empty():
  v = stack.pop()
  for w in G[v]:
    if not w in marked:
      marked[w] = True
      stack.push(w)
        ...
```

如此所示，每個點 v 僅能插入堆疊一次。這表示對 v 的每個相鄰點而言，if 陳述式只會執行一次。若以僅有兩個點（u 與 v）、一個邊（(u, v)）的圖為例，則 if 陳述式將執行兩次，一次是在處理 u 的相鄰點時，一次是在 v 的相鄰點時。因此，對於無向圖而言，if 陳述式執行的次數為 $2 \times E$，其中 E 是圖的邊數。

將上述所有內容放在一起（最多會有 N 次的 push()、pop() 叫用以及 2 × E 次的 if 陳述式執行），我們可以宣稱這些搜尋演算法採用相鄰串列時的執行時間效能為 O(N + E)，其中 N 是點數，E 是邊數。廣度優先搜尋也是如此表現，雖然它使用佇列而非堆疊，但是具有相同的執行時間效能。

就某些方面而言，這些結果實際上是相容的；具體來說，內有 N 個點的無向圖中，E 小於或等於 N × (N − 1)/2 個邊[6]。不論圖是以相鄰矩陣還是相鄰串列儲存，搜尋內含大量邊的圖都將與 N × (N − 1)/2 或 O(N^2) 成比例，因此最差情況下，將是 O(N^2)。

然而，引導搜尋以優先佇列維護最接近指定終點的點。最差情況下，enqueue()、dequeue() 作業效能是 O(log N)。由於這些方法被叫用 N 次，而每個邊被走訪兩次，因此引導搜尋的最差情況效能是 O(N log N + E)。

有向圖

圖還可以為兩點間有向關係（通常以帶箭頭的邊表示）的問題建模。有向邊 (u, v) 只表明 v 鄰接 u：此邊並沒有讓 u 鄰接 v。就此邊來說，u 是尾（tail），而 v 是頭（head）── 因為箭頭開頭接到 v，所以這樣滿好記的。圖 7-10 的圖包含邊 (B3, C3)，但不包含邊 (C3, B3)。

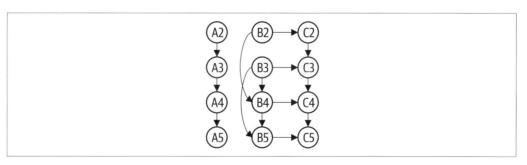

圖 7-10　有向圖示例（12 個點、14 個邊）

深度優先搜尋和廣度優先搜尋仍然適用於有向圖：唯一區別是邊 (u, v) 是指 v 鄰接 u，而反向的情況只有在圖中包含另一個邊 (v, u) 時才會成立。針對有向圖來說，許多演算法可用遞迴予以簡化，如示例 7-8 所示。此程式包含源自非遞迴實作的諸多常見元素。

6　三角形數再度出現！

示例 7-8　有向圖的深度優先搜尋（遞迴實作）

```
def dfs_search(G, src):      ❶
  marked = {}                ❷
  node_from = {}             ❸

  def dfs(v):                ❹
    marked[v] = True         ❺
    for w in G[v]:
      if not w in marked:
        node_from[w] = v     ❻
        dfs(w)               ❼

  dfs(src)                   ❽
  return node_from           ❾
```

❶ 從圖 G 的起點 src 開始執行深度優先搜尋。

❷ marked 字典記錄已走訪的點。

❸ 記錄 dfs() 如何找到每個點：node_from[w] 是往回到 src 路徑上的前一個點。

❹ 用於持續從未標記點 v 搜尋的遞迴方法。

❺ 務必將 v 標記為已走訪。

❻ 對於每個未標記的點 w，有鄰接 v，請記住，要到 w，可從 v 搜尋。

❼ 遞迴情況下，持續沿未標記點 w 的方向搜尋。當遞迴作業結束，繼續以 for 迴圈遍歷 w。

❽ 就起點 src 叫用初始遞迴呼叫。

❾ 傳回記錄每個點 v（於 src 初始搜尋路徑的前一個點）的搜尋結構。

遞迴演算法以遞迴呼叫堆疊記住部分進度，因此不需要 Stack 資料型別。

針對遞迴呼叫堆疊中每個 dfs(v)（其中 v 因每次叫用而異），點 v 是現行搜尋空間的一部分。dfs(v) 的基本情況下，點 v 沒有未標記的相鄰點，因此不執行任何工作。而遞迴情況下，對於每個未標記的相鄰點 w，將啟動遞迴的 dfs(w) 叫用。當函式傳回時，持續以 for 迴圈遍歷 w，試圖找到鄰接 v 的其他未標記點，利用 dfs() 探索。

如本書前面所提，Python 將遞迴深度限制為 1,000，如此表示某些演算法不適用於大型問題實例。例如，50 x 50 的矩形迷宮有 2,500 格。深度優先搜尋可能會超過遞迴深度限制，而應使用 Stack 資料型別儲存搜尋進度[7]，不過其中衍生的程式往往難以被理解，因此本章其餘內容將使用遞迴的深度優先搜尋。

有向圖可以為解決各種問題的應用領域建模。圖 7-11 描述小型試算表應用，其中包含由行列唯一識別的儲存格；儲存格 B3 有常數 1，如此表示 B3 的值為 1。圖 7-11 的左圖是呈現給使用者的結果；中圖是每個儲存格的實際內容（包括公式）。儲存格可以內含參考其他常數的公式，也可能包含從其他公式計算而得的值。這些公式使用中置運算式表示（如第 6 章所述）。例如，儲存格 A4 包含公式「= (A3 + 1)」。目前的 A3 包含公式「= (A2 + 1)」，計算結果為 1（即 A2 的值為 0），這表示 A4 的結果為 2。此試算表示例應用的程式位於本書範例程式儲存庫。

	A	B	C			A	B	C	
1	N	FibN	Sn		**1**	N	FibN	Sn	
2	0	0	0		**2**	0	0	=B2	
3	1	1	1		**3**	=(A2+1)	1	=(B3+C2)	
4	2	1	2		**4**	=(A3+1)	=(B2+B3)	=(B4+C3)	
5	3	2	4		**5**	=(A4+1)	=(B3+B4)	=(B5+C4)	
6	4	3	7		**6**	=(A5+1)	=(B4+B5)	=(B6+C5)	
7	5	5	12		**7**	=(A6+1)	=(B5+B6)	=(B7+C6)	
8	6	8	20		**8**	=(A7+1)	=(B6+B7)	=(B8+C7)	

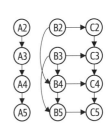

圖 7-11　具潛在有向圖的試算表示例

此試算表計算 A 行中 N 的遞增值，而 B 行包含前七個費氏數[8]。C 行包含前 N 個費氏數的執行總計（例如，儲存格 C7 中的 12 表示 0 + 1 + 1 + 2 + 3 + 5 的總和）。圖 7-11 的右圖描述儲存格之間關係的有向圖。例如，從 A2 到 A3 有個邊，表示 A3 的值必須在 A2 變化時變更；這個關係的另一種表達方式是，在計算 A3 的值之前，必須知道 A2 的值。

7　可於程式儲存庫的 ch07.search 中找到堆疊式深度優先搜尋。
8　回顧第 5 章，這些是數值 0、1、1、2、3、5、8（以前兩項之和算得目前項）。

在試算表中，若儲存格 C2 包含公式「＝B2」，而儲存格 B2 包含公式「＝C2」，則兩個儲存格相互參考，進而導致循環參考（*circular reference*），這是錯誤的。就有向圖的術語來說，這種情況是個環（*cycle*），即從點 n 開始並回到 n 的一組有向邊。每個試算表程式都會檢查環，確保可以正確計算儲存格而不會出錯。回到圖 7-11，包含常數的儲存格不需要任何計算。計算 A4 的值（稍後在計算 A5 時需要這個值）之前要先計算 A3 的值。B 行儲存格和 C 行儲存格間的關係更加複雜，更難知道這些儲存格的計算順序，就不用說環是否會存在了。

為了安全作業，試算表應用程式可以維護儲存格間參考的有向圖，記錄儲存格間的相依內容。每當使用者更改儲存格的內容時，若儲存格之前已有公式，則試算表必須移除圖中的邊。若變更的儲存格引入新公式，則試算表會加入邊以描述公式中的新相依內容。例如，已知圖 7-11 的試算表，使用者可能會將儲存格 B2 的內容更改為公式「＝C5」而錯誤地建立環。因為這個變更，將新邊 C5 → B2 加到有向圖中，而產生數個環；其中一個是：[B2, B4, B5, C5, B2]。

給定有向圖，深度優先搜尋可以判斷有向圖中是否存在環。直覺來說，若深度優先搜尋找到一個已標記點，該節點仍然是現行搜尋空間的一部分，則存在一個環。當 dfs(v) 傳回時，我們可以確定的是，可從 v 到達的所有點都已被標記，而 v 不再是現行搜尋空間的一部分。

深度優先搜尋探索只有三個點的有向圖，可能會在無環的圖中遇到已標記點。dfs() 起初從點 a 開始，能夠探索到 b，最終是 c，這是個死路。當搜尋傳回，而處理 a 的其餘相鄰點時，儘管 c 已被標記，但不存在環。

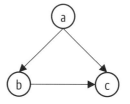

上述的環偵測演算法與本章其他演算法不同，原因是沒有初始預設起點開始探索。問題是圖中**任意處**是否存在環，因此示例 7-9 描述的演算法必須調查圖中可能的每個點。

示例 7-9　使用深度優先搜尋偵測有向圖的環

```
def has_cycle(DG):
  marked = {}
  in_stack = {}

  def dfs(v):                    ❶
    in_stack[v] = True           ❷
    marked[v] = True             ❸
```

```
        for w in DG[v]:
          if not w in marked:
            if dfs(w):                        ❹
              return True
          else:
            if w in in_stack and in_stack[w]: ❺
              return True

        in_stack[v] = False                   ❻
        return False

      for v in DG.nodes():                    ❼
        if not v in marked:
          if dfs(v):                          ❽
            return True
      return False
```

❶ 對圖 DG 執行深度優先搜尋，從 v 開始。

❷ in_stack 記錄遞迴呼叫堆疊中的點。標記 v 目前為遞迴呼叫的一部分。

❸ marked 字典記錄已走訪的點。

❹ 對於每個未標記的點 w（鄰接 v），就 w 開始執行遞迴的 dfs()，若傳回 True，則表示偵測到環，因此結果也以 True 傳回。

❺ 若點 w 被標記為已走訪，它可能仍位於呼叫堆疊中──若是的話，則表偵測到環。

❻ 同樣重要的是，當 dfs() 遞迴呼叫結束時，因為 v 不再位於呼叫堆疊中，所以將 in_stack[v] 設為 False。

❼ 調查有向圖中每個未標記的點。

❽ 若對點 v 叫用 dfs(v)，偵測到環，則立即傳回 True。

隨著 dfs() 遞迴呼叫的執行，將探索圖中更多內容，直到最終每個點為 marked──那些沒有邊的點也是如此為之。

若你還想計算實際的環，可嘗試本章結尾的挑戰題，試圖修改 has_cycle() 用於計算並傳回有向圖中偵測到的第一個環。圖 7-12 視覺化呈現 dfs() 的遞迴執行。探索到的每個點最終都會被標記，但只有現行搜尋空間的點──in_stack[] 為 True 的那些點──才會隨著遞迴遞進行與展開時以淺灰色區塊表示。該圖呈現偵測到環 [a, b, d, a] 之際的遞迴時刻。當探索 d 的相鄰點時，會遇到已標記的點 a，但這並非立即表示有環存在。該演算法必須檢查 in_stack[a] 是否為 True，以確認環是否存在。

dfs(d) 的最終遞迴叫用尚未結束，這就是為什麼 in_stack[d] 仍然是 True 的原因。總之，當遞迴的 dfs() 函式遇到已為 marked 且 in_stack[n] 為 True 的點 n 時，表示找到環。

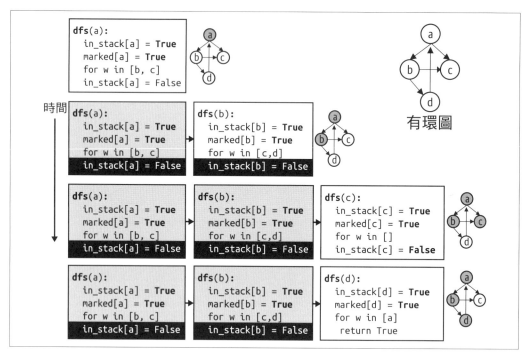

圖 7-12　視覺化呈現環偵測的深度優先搜尋執行過程

假設試算表不包含循環參考，那麼應按什麼順序計算儲存格？回到圖 7-11 的試算表範例，內有常數的儲存格（如：A1）不參與任何運算，因此無須考量它們。儲存格 B4 內有個公式直接與 B2、B3 兩者關聯，因此必須在處理 B4 之前計算這兩個儲存格。可運作的線性順序是：

B2, C2, B3, C3, B4, C4, B5, C5, A2, A3, A4, A5

前面的排序是 topological_sort() 的可能結果，如示例 7-10 所示。此演算法的結構與前述的環偵測演算法雷同。它以遞迴深度優先搜尋探索圖。當 dfs(v) 即將從其遞迴呼叫傳回時，所有可從 v 到達的點都已為 marked。如此表示 dfs() 已走訪與 v 相依的所有「下游」（downstream）點，因此它將 v 加到不斷成長的點串列中（按相反順序），其中已處理這些點的相依內容。

示例 7-10　有向圖的拓撲排序

```python
def topological_sort(DG):
  marked = {}
  postorder = []                    ❶

  def dfs(v):                       ❷
    marked[v] = True                ❸
    for w in DG[v]:
      if not w in marked:
        dfs(w)                      ❹
    postorder.append(v)             ❺

  for v in DG.nodes():
    if not v in marked:             ❻
      dfs(v)

  return reversed(postorder)        ❼
```

❶ 使用串列（以相反順序）儲存要處理的點（線性排序）。

❷ 從 v 開始對 DG 進行深度優先搜尋。

❸ marked 字典記錄已走訪的點。

❹ 對於每個未標記的點 w 鄰接 v，遞迴探索 dfs(w)。

❺ 當 dfs(v) 到達這個關鍵步驟時，它已經完全探索（遞迴地）相依於 v 的所有點，因此將 v 附加到 postorder。

❻ 確保走訪所有未標記的點。請注意，每次叫用 dfs(v) 時，都會探索圖 DG 的不同子集。

❼ 因為串列以相反順序保有線性排序，所以傳回其反向內容。

此程式與環偵測演算法幾乎相同，差別僅是此程式維護 postorder 結構而非 in_stack[]。使用類似的執行時間分析，我們可以看到每個點都有一次機會可被 dfs() 探索，而對圖的每個有向邊而言，皆會執行內層 if 陳述式一次。由於附加到串列的效能為常數時間（參閱表 6-1），如此保證拓撲排序的執行時間效能為 O(N + E)，其中 N 是點數，E 是邊數。

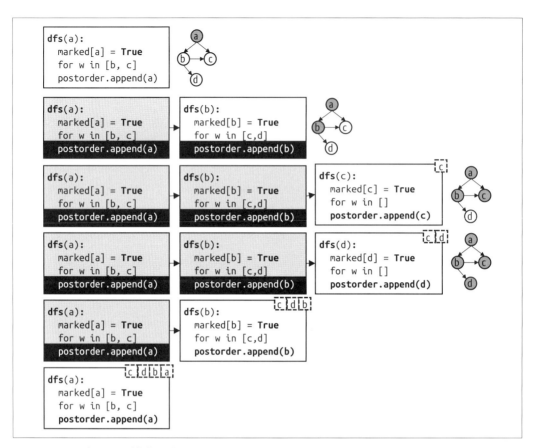

圖 7-13　視覺化呈現拓撲排序的深度優先搜尋執行過程

當每次完成示例 7-10 的 dfs() 執行時，如圖 7-13 所示，postorder 包含的有序點串列，能滿足其相依內容；這些內容都呈現在虛線框中。反轉串列並在 topological_sort() 結尾傳回。當試算表應用程式載入試算表內容時，它可以按拓撲排序決定的順序重新計算儲存格。

具邊權重的圖

某些使用圖建模的應用領域包含與每個邊關聯的數值，通常稱為邊的**權重**。這些邊權重可能在無向圖或有向圖中出現。目前，假設所有邊權重都是大於 0 的正值。

Stanford Large Network Dataset Collection（*https://oreil.ly/hXqcg*）內 有 某些與社群網路相關的大型網路資料集。電腦科學家研究「旅行業務員問題」（traveling salesman problem──TSP）已有數十年之久，如今有大量 的資料集可供使用（TSPLIB──*https://oreil.ly/MdMWm*）。Travel Mapping Graph Data（*https://oreil.ly/qWYsr*）為大型高速公路資料集。筆者要感謝 James Teresco 熱心提供麻州高速公路資料集（*https://oreil.ly/wlEy2*）。

運用麻州高速公路路段資料集，讓我們建立一個圖，圖中每個點表示資料集的一個路徑點（*waypoint*），以 (緯度 , 經度) 組值表示。例如，某個路徑點是波士頓 I-90 與 I-93 兩條高速公路的交叉點。此點可以緯度 42.34642（即位於赤道以北）、經度 −71.060308 （即位於英格蘭格林威治以西）表示。兩點間的邊代表高速公路路段：邊的權重是此高速公路路段的長度（單位：英里）。各條路將這些路徑點連接在一起，造就如圖 7-14 所示的高速公路基礎建設。

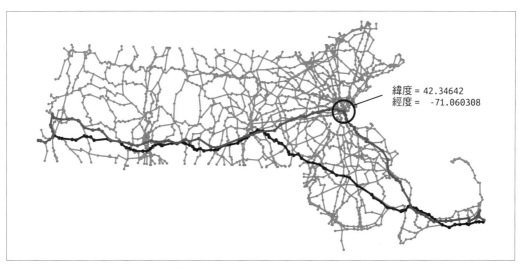

圖 7-14　麻州高速公路基礎建設模型

為了找出麻州最西邊高速公路（紐約邊界）到最東邊高速公路（鱈魚角）的最短路線 （以總里程計），先用廣度優先搜尋計算 236.5 英里的路徑（如圖 7-14 灰色粗線）。這條 99 個邊的路徑穿越波士頓 I-90/I-93 高速公路的上述已標示路徑點，就邊的總數而言， 它是最短路徑（從起點到終點）；而考量邊權重時，它是累計里程中總路徑最短的嗎？ 結果證明此問題的答案是否定的。

我們知道深度優先搜尋不能保證路徑長度：圖 7-15 呈現深度優先搜尋產生的 485.2 英里
蜿蜒路程（內有 267 個邊）。引導搜尋演算法在路程的早期（此圖未呈現）做出糟糕的
決定，算出 245.2 英里的路徑（內有 141 個邊）。圖 7-14 的另一條視覺化路徑沿東南方
向穩步前進，僅需 210.1 英里（內有 128 個邊）；Dijkstra 演算法可算出此解。

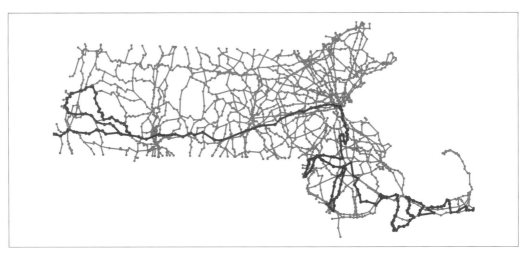

圖 7-15　深度優先搜尋產生的低效率路徑

Dijkstra 演算法

來自荷蘭的科學家 Edsger Dijkstra（讀作 DIKE-stra）是電腦科學知識學科創始人之一，
他的演算法既簡明又富有洞察力。Dijkstra 開發的演算法，可針對加權圖從特定起點到
可達的所有點，計算出累計邊權重的最短路徑。此問題名為「單源最短路徑」（single-
source shortest path）問題。已知無向（或有向）圖 G，每個邊都有非負的權重[9]，
Dijkstra 演算法計算 dist_to[]、edge_to[] 結構，其中 dist_to[v] 是從起點到 v 的最短累計
路徑長度，edge_to[] 用於尋得實際路徑。

有向的加權圖示例如圖 7-16 所示。(a, b) 邊的權重為 6。從 a 到 c 有一個權重為 10 的
邊，不過從 a 到 b（權重為 6）到 c（權重為 2）的路徑累計總值為 8，是一個較短的路
徑。從 a 到 c 的最短路徑包含兩個邊，總權重為 8。

9　在此容許某些邊權重為零。若有任何邊權重為負值，則需要 Bellman–Ford 演算法處理（本章稍後會
　　描述）。

若是有向圖，則可能無法建構兩點間的路徑。從 b 到 c 的最短距離是 2，但從 b 到 a 的最短距離是無窮大，原因是無法用現有的邊建構路徑。

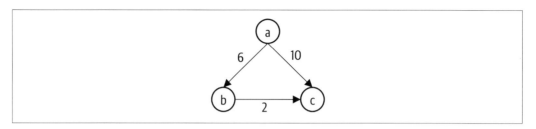

圖 7-16　從 a 到 c 的最短路徑累計總值為 8

Dijkstra 演算法需要名為**索引最小優先佇列**（*indexed min priority queue*）的抽象資料型別（為圖演算法特別設計的）。索引最小優先佇列擴充第 4 章所述的優先佇列資料型別。索引最小優先佇列將每個內容值的優先序做關聯。利用以 N 為基礎的初始儲存來建構最小優先佇列（其中 N 是作業圖中的點數）。dequeue() 作業移除的值，其優先序號是**最小的數值**，這與第 4 章論述的最大優先佇列相反。

最重要的作業是 decrease_priority(value, lower_priority)，它有效率的**將 value 的優先序號降為較低的數值**。實際上，decrease_priority() 可以調整現有值的優先序，使得它可以移到優先佇列的其他值之前。前述的優先佇列實作並無有效率的 decrease_priority() 函式，原因是這些實作必須在 O(N) 中搜尋整個優先佇列，找到其優先序變更的值。

索引最小優先佇列通常被限制使用範圍從 0 到 N － 1 的整數值，因而讓它可輕易存取陣列資料。筆者採用 Python 字典避開此限制。

如示例 7-11 所示，IndexedMinPQ 的結構與功能與第 4 章所述的堆積式最大優先佇列幾乎雷同。IndexedMinPQ 不會儲存 Entry 物件，而是儲存兩個串列：values[n] 儲存堆積中第 n 項的值，而 priority[n] 儲存與該項關聯的優先序。swim()、sink() 方法與堆積式優先佇列實作內容一樣（如示例 4-2、示例 4-3 所示），因此可以省略這些內容。主要的差異是 location 字典針對 IndexedMinPQ 每個值，儲存其在這些串列中對應的索引位置。此額外資訊讓我們使用雜湊結果（第 3 章所述），以均攤常數 O(1) 的時間於堆積中找出某值所在位置。

更改 swap() 確保每當交換堆積的兩個項目時，於 location 的對應項目也會更新。這樣的 IndexedMinPQ 可以有效率的找到優先佇列的任何值。

示例 *7-11* 　索引最小優先佇列的結構

```
class IndexedMinPQ:
  def less(self, i, j):                                    ❶
    return self.priorities[i] > self.priorities[j]

  def swap(self, i, j):
    self.values[i],self.values[j] = self.values[j],self.values[i]   ❷
    self.priorities[i],self.priorities[j] = self.priorities[j],self.priorities[i]

    self.location[self.values[i]] = i                      ❸
    self.location[self.values[j]] = j

  def __init__(self, size):
    self.N          = 0
    self.size       = size
    self.values     = [None] * (size+1)                    ❹
    self.priorities = [None] * (size+1)

    self.location   = {}                                   ❺

  def __contains__(self, v):                               ❻
    return v in self.location

  def enqueue(self, v, p):
    self.N += 1

    self.values[self.N], self.priorities[self.N] = v, p    ❼
    self.location[v] = self.N                              ❽
    self.swim(self.N)
```

❶ 因為這是最小優先佇列，所以，若項目 i 的優先序號是較大的數值，則項目 i 的優先序小於項目 j 的優先序。

❷ swap() 將項目 i、j 的內容值與優先序交換。

❸ swap() 更新項目 i、j 的對應位置。

❹ values 儲存第 n 項的值；priorities 儲存第 n 項的優先序。

❺ location 這個字典，針對被排入的每個值傳回在 values、priorities 所對應的索引位置。

❻ 索引最小優先佇列能檢查 location，以均攤的 O(1) 時間內判斷某值是否儲存在優先佇列中，有別於傳統的優先佇列。

❼ 為了要排入一個 (v，p) 項目，將 v 放在 values[N] 中，將 p 放在 priorities[N] 中，此為下個可用的桶。

❽ 在 swim() 被叫用之前，enqueue() 還必須將此新索引位置與 v 做關聯，確保堆積順序性。

正如我們對堆積所預期的情形，enqueue() 首先將值 v 及其關聯的優先序 p 分別儲存在 values[] 和 priorities[] 串列的尾端。為了肩負其對 IndexedMinPQ 的職責，它還記錄值 v 儲存於索引位置 N 中（回想一下堆積使用從 1 開始的索引，讓程式更容易理解）。它叫用 swim() 確保 IndexedMinPQ 的堆積順序性。

遍歷其 location[] 陣列，IndexedMinPQ 針對它儲存的任何值，找出該值在堆積的位置。示例 7-12 所示的 decrease_priority() 方法可以將 IndexedMinPQ 的任何值移動，更接近優先佇列的前頭。唯一的限制是，我們只能降低優先序號——如此讓它變得更為重要——並將項目往上浮到正確位置。

示例 7-12　降低 *IndexedMinPQ* 中某值的優先序號

```
def decrease_priority(self, v, lower_priority):
  idx = self.location[v]                          ❶
  if lower_priority >= self.priorities[idx]:      ❷
    raise RuntimeError('...')

  self.priorities[idx] = lower_priority           ❸
  self.swim(idx)                                  ❹
```

❶ 針對找尋的 v，取其在堆積的位置 idx。

❷ 若 lower_priority 實際上並沒有低於 priorities[idx] 中現有優先序號，則會引起 RuntimeError。

❸ 將值 v 的優先序號更改為較低的號碼。

❹ 若有必要，請將該值往上浮，重新建立堆積順序性。

dequeue() 將優先序號最小的值移除（這表示它是最重要的）。IndexedMinPQ 的實作更為複雜，原因是它必須正確維護 location 字典，如示例 7-13 所示。

示例 7-13　移除 *IndexedMinPQ* 中具最高優先序的值

```
def dequeue(self):
  min_value = self.values[1]                              ❶

  self.values[1] = self.values[self.N]                    ❷
  self.priorities[1] = self.priorities[self.N]
  self.location[self.values[1]] = 1

  self.values[self.N] = self.priorities[self.N] = None    ❸
  self.location.pop(min_value)                            ❹

  self.N -= 1                                             ❺
  self.sink(1)
  return min_value                                        ❻
```

❶ 記住 min_value 是具最高優先序的值。

❷ 將位置 N 的項目移到最上層位置 1，並確保 location 記錄此值的新索引位置。

❸ 對於前個被移除的 min_value，將與它相關的處理內容刪除。

❹ 移除 location 字典的 min_value 項目。

❺ 較用 sink(1) 之前，降低項目數（重新建立堆積順序性）。

❻ 傳回與最高優先序項目關聯的值（即數值最小的項目）。

IndexedMinPQ 資料結構確保不變的是，若 v 是優先佇列儲存的值，則 location[v] 指到某索引位置 idx，使得 values[idx] 是 v，priorities[idx] 是 p，其中 p 是 v 的優先序。

Dijkstra 演算法使用 IndexedMinPQ 計算最短路徑的長度（從圖中指定的 src 到任何點的最短路徑）。該演算法維護字典 dist_to[v]，記錄從圖中 src 到每個 v 最短已知計算路徑的長度：對於無法從 src 到達的點而言，該值可能是無窮大的。當演算法探索圖時，它會尋找兩個點 u、v，以權重為 wt 的邊連接，使得 dist_to[u] + wt < dist_to[v]：換句話說，若我們沿著 src 到 u 的路徑，接著沿著邊 (u, v) 跨到 v，則 src 到 v 的距離會較短。

Dijkstra 演算法說明如何有條理的找到這些特殊邊，類似廣度優先搜尋使用佇列基於與 src 的差距（就邊數而言）探索點。dist_to[v] 概括現行搜尋的結果，IndexedMinPQ 按優先序組織要探索的其餘點，而被定義成從 src 到每個點的最短路徑累計長度。當演算法開始執行時，dist_to[src] 為 0，原因是該點是起點，其他距離都是無窮大。接著，所有點排入 IndexedMinPQ，優先序等於 0（針對起點 src 而言），或無窮大（對其他點而言）。

Dijkstra 演算法不需要將點標記為已走訪，原因是最小優先佇列僅包含要探索的動作點。該演算法從最小優先佇列中逐一移除總累計距離最小的點。

示例 7-14　Dijkstra 演算法解單源最短路徑問題

```python
def dijkstra_sp(G, src):
  N = G.number_of_nodes()

  inf = float('inf')                        ❶
  dist_to = {v:inf for v in G.nodes()}
  dist_to[src] = 0

  impq = IndexedMinPQ(N)                     ❷
  impq.enqueue(src, dist_to[src])
  for v in G.nodes():
    if v != src:
      impq.enqueue(v, inf)

  def relax(e):
    n, v, weight = e[0], e[1], e[2][WEIGHT]  ❺
    if dist_to[n] + weight < dist_to[v]:     ❻
      dist_to[v] = dist_to[n] + weight       ❼
      edge_to[v] = e                         ❽
      impq.decrease_priority(v, dist_to[v])  ❾

  edge_to = {}                               ❸
  while not impq.is_empty():
    n = impq.dequeue()                       ❹
    for e in G.edges(n, data=True):
      relax(e)

  return (dist_to, edge_to)
```

❶ dist_to 字典的初始化，除了 src 設為 0，其餘點接設為無窮大。

❷ 將 N 個節點全部排入 impq 中供 while 迴圈使用。

❸ edge_to[v] 記錄搜尋期間找到以 v 結尾的邊。

❹ 尋找點 n，而此點與 src 有最短計算路徑。探索它的邊 (n, v, weight)，看看是否找到至 v 的新最短路徑。networkx 要 data = True 才能檢索邊權重。

❺ 從邊 (n, v) 中取 n、v、weight。

❻ 若到 n 的距離加上到 v 的邊 weight 結果小於目前為止到 v 的最佳路徑，則表示找到一條較短路徑。

❼ 將到 v 的最短已知距離更新。

❽ 記錄邊 (n, v)，它是將 Dijkstra 演算法沿新的最短路徑帶至 v 的邊。

❾ 最重要的是，將 impq 的優先序降為新的最短距離，使得 while 迴圈能夠檢索具最短計算路徑的點。

圖 7-17 呈現示例 7-14 while 迴圈的前三次疊代作業。IndexedMinPQ 儲存每個點 n，以最小計算距離 dist_to[n] 作為優先序，該距離顯示在每個點附加的虛線小框中。while 迴圈的每次疊代作業，都會從 impq 移除一個點 n，檢查它的邊是否因 src 到 n 再從 n 到某點 v 的遍歷而導致 src 到該點 v 有新的最短路徑。這個程序稱為鬆弛邊（*relaxing an edge*）。IndexedMinPQ 優先考慮首要探索哪些節點——以這種方式，Dijkstra 演算法保證從 impq 移出之每個點的最短路徑是正確的。

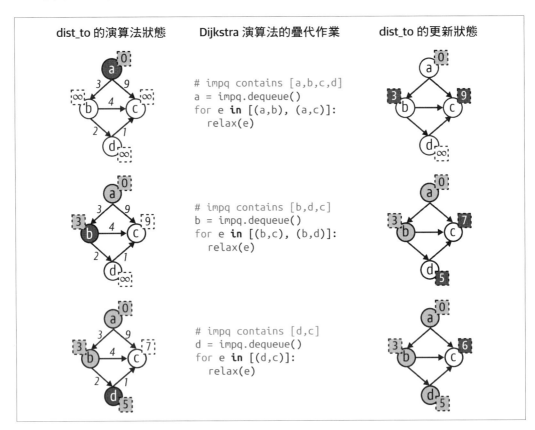

圖 7-17　對小圖執行 Dijkstra 演算法

Dijkstra 演算法的執行時間效能以下列數個因素為基礎：

N 個點的排入成本

排入的第一個點是優先序為 0 的 src。其餘 N – 1 個點皆帶無窮大的優先序號排入；由於無窮大大於或等於 impq 中已存在的值，因此 swim() 無任何工作，衍生出 O(N) 效能。

impq 中 N 個點的檢索成本

Dijkstra 演算法移出 impq 的每個點。由於 impq 以二元堆積儲存，因此 dequeue() 為 O(log N)，如此表示在最差情況下，移除所有點的總時間為 O(N log N)。

G 中所有邊的存取成本

for e in G.edges() 迴圈中檢索所有邊的執行時間效能取決於圖結構。若圖使用相鄰矩陣儲存邊，則存取所有邊需要 $O(N^2)$ 效能。若圖使用相鄰串列儲存邊，則檢索所有邊只需要 O(E + N)。

E 個邊的鬆弛成本

針對圖中所有邊呼叫 relax() 函式。每次都有機會降低到某點的最短計算路徑長度，因此 decrease_priority() 叫用次數可能多達 E 次。此函式使用 swim() 二元堆積函式，執行時間效能為 O(log N)。累計時間的執行時間效能為 O(E log N)。

若圖使用相鄰串列儲存邊，則 Dijkstra 演算法歸為 O((E + N) log N) 等級。若圖改用相鄰矩陣，則效能為 $O(N^2)$。對於大型圖而言，矩陣表示法的效率不彰。

Dijkstra 演算法計算兩種結構：dist_to[v]（內含從 src 到 v 累計邊權重之最短路徑的長度），以及 edge_to[v]（內含從 src 到 v 實際最短路徑的最後一個邊 (u, v)）。從 src 到每個 v 的完整路徑都可以被尋得，很像示例 7-4，只是這次循著 edge_to[] 結構往回進行，如示例 7-15 所示。

示例 *7-15* 　尋得源自 *edge_to* 的實際路徑

```
def edges_path_to(edge_to, src, target):  ❶
  if not target in edge_to:
    raise ValueError('Unreachable')       ❼

  path = []
  v = target                              ❷
  while v != src:
    path.append(v)                        ❸
    v = edge_to[v][0]                     ❹
```

```
path.append(src)                    ❺
path.reverse()                      ❻
return path
```

❶ 需要 edge_to[] 結構尋得 src 到任何 target 的路徑。

❷ 為了尋得完整路徑，從 target 開始

❸ 只要 v 不是 src，就將 v 附加到 path（此為從 src 到 target 路徑上尋得點所形成的反向串列）。

❹ 將 v 變成 u，此為 edge_to[v] 的邊 (u, v) 中前頭的點。

❺ 一旦遇到 src，while 迴圈終止運作，因此必須附加 src 完成反向 path。

❻ 反轉串列內容，讓所有點依 src 到 target 的正確順序顯示。

❼ 若 target 不在 edge_to[] 中，則無法從 src 到達。

只要所有邊權重都是非負值，Dijkstra 演算法就能運作。圖可能具有負值邊，例如：負值表示金融交易的退款。若某個邊的邊權重為負，它可能會讓 Dijkstra 演算法無法運作（如圖 7-18 所示）。

圖 7-18 的 Dijkstra 演算法處理源自 impq 的三個點（只剩下 b）。正如最後一列所示，Dijkstra 演算法已計算從 a 到 d 的目前最短路徑。while 迴圈最後的疊代作業中（圖中未顯示），Dijkstra 演算法移除 impq 中點 b 並鬆弛邊 (b, d)。可惜，該邊突然出現一條通往 d 的較短路徑。然而，Dijkstra 演算法已將點 d 從 impq 中移除，完成最短路徑的計算。Dijkstra 演算法無法「回去」以調整最短路徑，因而運作失敗。

Dijkstra 演算法可能會因負邊權重而失敗，原因是它假設使用新邊擴展現有路徑，只會維持或增加源自起點的總距離。

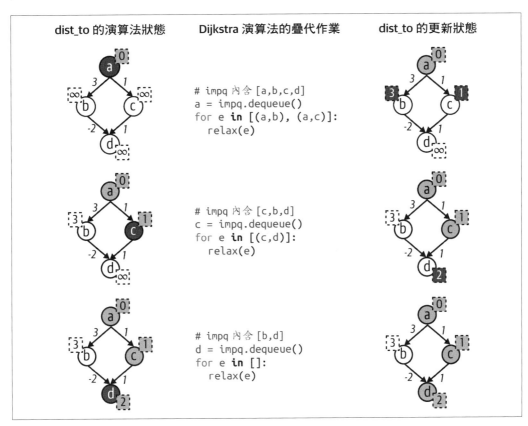

dist_to 的演算法狀態　　Dijkstra 演算法的疊代作業　　dist_to 的更新狀態

```
# impq 內含 [a,b,c,d]
a = impq.dequeue()
for e in [(a,b), (a,c)]:
    relax(e)
```

```
# impq 內含 [c,b,d]
c = impq.dequeue()
for e in [(c,d)]:
    relax(e)
```

```
# impq 內含 [b,d]
d = impq.dequeue()
for e in []:
    relax(e)
```

圖 7-18　錯誤位置的負邊權重讓 Dijkstra 演算法不能運作

Bellman-Ford 演算法計算 src 到圖中任何其他點的最短總距離，即使邊權重為負也行，但有個例外：若圖中存在**負環**（*negative cycle*），則不適用最短路徑的概念。圖 7-19 左邊的圖有兩個負邊，但沒有負環。使用邊 (a, b)，從 a 到 b 的最短距離是 1。若行經較長的路徑 a → b → d → c → b，則總累計邊權重距離為 2，因此 a、b 間的最短路徑仍為 1。然而，右邊的圖中，點 b、d、c 間存在**負環**；若按 b → d → c → b 順時針方向行經邊，則總累計邊權重為 −2。在此圖中，a、b 間的最短距離並無任何意義：我們可以多次循環行經 b → d → c → b 而建構一條路徑，使此距離為任何奇數負值。例如，a → b → d → c → b → d → c → b 的累計邊權重為 −3。

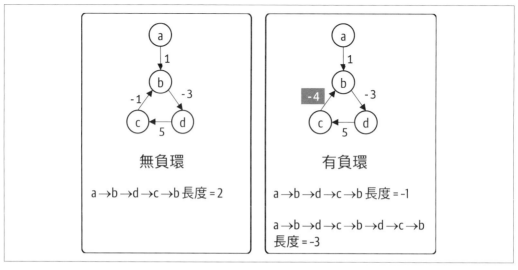

圖 7-19　兩個有負邊權重的圖（只有一個有負環）

Bellman-Ford 實作用一種完全不同的方法，解決同一個單源最短路徑問題。即使邊具有
負權重，它也可以運作。示例 7-16 呈現 Bellman-Ford 實作，其中包含源自 Dijkstra 演
算法的許多常見元素。幸好，讀者不必像本章前面所示的拓撲排序那樣搜尋圖中負環。
執行 Bellman-Ford，可以察覺負環存在之際，並引發行期例外因應。

示例 7-16　Bellman-Ford 演算法實作

```
def bellman_ford(G, src):
  inf = float('inf')
  dist_to = {v:inf for v in G.nodes()}          ❶
  dist_to[src] = 0
  edge_to = {}                                   ❷

  def relax(e):
    u, v, weight = e[0], e[1], e[2][WEIGHT]
    if dist_to[u] + weight < dist_to[v]:         ❺
      dist_to[v] = dist_to[u] + weight           ❻
      edge_to[v] = e                             ❼
      return True                                ❽
    return False

  for i in range(G.number_of_nodes()):           ❸
    for e in G.edges(data=True):                 ❹
      if relax(e):
        if i == G.number_of_nodes()-1:           ❾
```

```
        raise RuntimeError('Negative Cycle exists in graph.')

    return (dist_to, edge_to)
```

❶ dist_to 字典的初始化，除了 src 設為 0，其餘點接設為無窮大。

❷ edge_to[v] 記錄搜尋期間找到以 v 結尾的邊。

❸ 對圖做 N 次疊代作業。

❹ 對於圖中每個邊 e = (u, v)，使用與 Dijkstra 演算法雷同的 relax() 概念；行經 u 確認 e 是否對 src 到 v 的現有最短路徑有所改進。

❺ 若到 u 的距離加上到 v 的邊 weight 小於目前為止到 v 的最佳路徑，則表示找到較短路徑。

❻ 將到 v 的最短已知距離更新。

❼ 記錄邊 (u, v)，它是將演算法沿新的最短路徑帶至 v 的邊。

❽ 若 relax() 傳回 True，則找到一條到 v 的新最短路徑。

❾ Bellman–Ford 對 E 個邊做 N 次疊代作業。若在最後一次作業中，發現一個邊 e 仍可將 src 到某 v 的最短距離降低，則圖中必定有個負環。

為何這個演算法可以運作？觀察內有 N 個點的圖，可能存在之潛在最長路徑的邊數不超過 N − 1 個邊。在 for 迴圈 i 執行 N − 1 次疊代作業，嘗試鬆弛圖中任何邊之後，它必定處理到這個潛在的最長路徑：不該再有任何邊可以實現最短總距離的鬆弛。基於這個理由，for 迴圈疊代作業執行 N 次。若在最後一次疊代作業中，演算法能夠鬆弛某個邊，則圖必定包含負環。

全點對最短路徑

本章介紹的搜尋演算法從指定的起點開始搜尋。顧名思義，全點對最短路徑（all-pairs shortest path）問題要求計算圖中任意兩點 u、v 間累計邊權重的最短可能路徑。無向圖中，從 u 到 v 的最短路徑與從 v 到 u 的最短路徑相同。無向圖和有向圖兩者中，可能無法從 u 到達點 v，在這種情況下，最短路徑距離將是無窮大。有向圖中，即使不能從 u 到達 v，也可以從 v 到達 u。

搜尋必須傳回資訊才能尋得任何 u、v 之間的實際最短路徑,不過這似乎相當具有挑戰性。對於圖 7-20 的小型有向圖而言,找到 d、c 之間的最短路徑需要時間,更不用說全點對了(所有可能的兩點間)。雖然從 d 到 c 有個權重為 7 的邊,但是有條路徑 d → b → a → c 總累計距離為 6,結果更短。

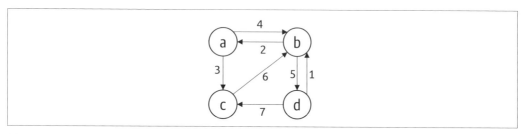

圖 7-20　全點對最短路徑範例

在深入研究解決此問題的演算法細節前,考量該演算法需要傳回的結果為何。類似於 Dijkstra 演算法和早期搜尋演算法所見的內容:

- dist_to[u][v]──此為二維結構,用於保存每對點 u、v 間最短路徑的值。若沒有從 u 到 v 的路徑,則 dist_to[u][v] = 無窮大。

- node_from[u][v]──此為二維結構,其中包含的資訊可以計算任意兩點(u 與 v)間的實際最短路徑。

以下見解有助於找到解。

首先將 dist_to[u][v] 初始化,設為與每個邊(u 到 v)關聯的權重;若圖中沒有邊,則將 dist_to[u][v] 設為無窮大。另外將 node_from[u][v] 初始化,設為 u,表示從 u 到 v 最短路徑的最後一個點是 u。圖 7-21 顯示以圖 7-16 的圖初始化這些值之後的 node_from[][]、dist_to[][] 情形。

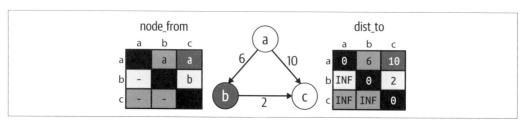

圖 7-21　全點對最短路徑問題背後的直覺呈現

此刻想像一下，我們選擇 $k = b$，並檢查是否可以找到任何兩點 u、v，其中從 u 到 k，再從 k 到 v 的路徑比 dist[u][v] 的最佳已知最短計算距離短。在這個小例子中，dist[a][b] 是 6，dist[b][c] 是 2，這表示從 a 到 c 的最短距離現在經過 b，總共是 8。此外，我們可以將 node_from[a][c] 設為 b 來記錄此事實。這種情況類似於 Dijkstra 演算法的核心鬆弛運算。

此時筆者對 node_from[u][v] 有個明確的詮釋：它儲存點 u 到 v 最短路徑的最後一個點。它的概念與之前搜尋演算法計算的 node_from[] 結構類似，不過它的內容較為複雜。

我們將 k 逐一設為圖中每個點，並嘗試找到一對點 u、v，可以使用之前段落的邏輯降低最短路徑距離。一旦得知 dist_to[u][k] + dist_to[k][v] 比 dist_to[u][v] 短，就可以更新 dist_to[u][v] 的值。也可以將 node_from[u][v] 設成等於 node_from[k][v]。

換句話說，由於已經計算 dist_to[k][v]，就能知道 node_from[k][v] 是 k 到 v 最短路徑的最後一個點——而且因為從 u 到 v 的路徑目前經過 k，所以將 node_from[u][v] 設成等於 node_from[k][v]。為了重建完整路徑，可從 v 反向作業至 k，則 node_from[u][k] 包含一直回到 u 的最短路徑上前一個點。

因為這些概念相當抽象，所以具有挑戰性——筆者不會計算、儲存每個 u、v 間的各個最短路徑；反而儲存路徑相關的部分細節，以便稍後的計算。已知圖 7-20 的圖，圖 7-22 包含演算法必須計算的結果。dist_to[][] 結構含有任意兩點間的計算最短距離。例如，dist_to[a] 列包含從圖中的 a 到其他點的計算最短距離。特別是，dist_to[a][c] 為 3，原因是從 a 到 c 的最短路徑是沿著 (a, c) 邊而總距離為 3。從 a 到 d 的最短路徑 dist_to[a][d] 是沿著路徑 a → b → d，累計總距離為 9。

全點對最短路徑問題的解需要計算 node_from[][]、dist_to[][]。為了說明 node_from[][] 的值，圖 7-22 顯示每對節點 u、v 之間衍生的最短路徑。在 u、v 之間的每個最短路徑中，該最短路徑的倒數第二個點以深灰色區塊表示。由圖可知，以灰色區塊表示的點直接對應於 node_from[u][v]。

以 d 到 c 的最短路徑為例，即 d → b → a → c。將此路徑分為 d 到 a 的路徑，再接 a 到 c 最後一個邊，而我們可以發現隱藏在這些二維結構中的遞迴解。node_from[d][c] 等於 a，這表示從 d 到 c 最短路徑中最後一個點是 a。

接著，從 d 到 a 的最短路徑經過 b，這就是 node_from[d][a] 等於 b 的原因。

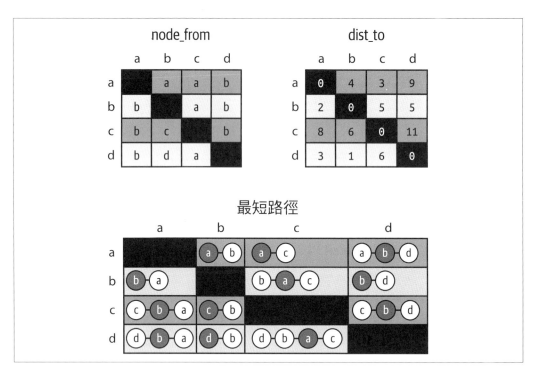

圖 7-22　針對圖 7-20 之圖的 dist_to、node_from、實際最短路徑

Floyd-Warshall 演算法

此刻讀者已了解全點對最短路徑問題，筆者要介紹 Floyd-Warshall 演算法。該演算法的關鍵在於它能夠找到三個點 u、v、k，使得 u 到 v（而且經過 k）會有較短路徑。

示例 7-17 中，Floyd–Warshall 只使用起初圖中的邊資訊初始化 node_from[][]、dist_to[][]。這些初始值如圖 7-23 所示。

項目 node_from[u][v] 為 None（以破折號表示）或 u（對應項目列）。當 u 等於 v 時，dist_to[u][v] 為 0。當 u、v 不同時，dist_to[u][v] 是從 u 到 v 的邊權重，或 u、v 間無邊時則是無窮大（以 INF 表示）。

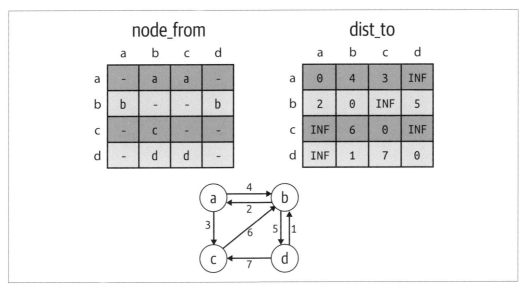

圖 7-23　基於 G 的 dist_to[][]、node_from[][] 初始化

示例 7-17　*Floyd-Warshall 演算法*

```
def floyd_warshall(G):
  inf = float('inf')
  dist_to   = {}                                    ❶
  node_from = {}
  for u in G.nodes():
    dist_to[u]   = {v:inf for v in G.nodes()}       ❷
    node_from[u] = {v:None for v in G.nodes()}      ❸

    dist_to[u][u] = 0                               ❹
    for e in G.edges(u, data=True):                 ❺
      v = e[1]
      dist_to[u][v] = e[2][WEIGHT]
      node_from[u][v] = u                           ❻

  for k in G.nodes():
    for u in G.nodes():
      for v in G.nodes():
        new_len = dist_to[u][k] + dist_to[k][v]     ❼
        if new_len < dist_to[u][v]:
          dist_to[u][v] = new_len                   ❽
          node_from[u][v] = node_from[k][v]

  return (dist_to, node_from)                       ❾
```

❶ dist_to、node_from 是二維結構。每個結構皆為字典，其中包含子字典 dist_to[u]、node_from[u]。

❷ 對於每一 u 列，將 dist_to[u][v] 初始化成無窮大，表示每個點 v 起初為不可到達的。

❸ 對於每一 u 列，將 node_from[u][v] 初始化成 None，表示甚至可能沒有從 u 到 v 的路徑。

❹ 確保 dist[u][u] = 0 的設定，表示從 u 到自身的距離為 0。

❺ 對於從 u 開始的每個邊 e = (u,v)，設定 dist_to[u][v]= e 的權重，表示從 u 到 v 的最短距離是 e 的邊權重。

❻ 記錄 u 是從 u 到 v 最短路徑上的最後一個點。事實上，它是路徑上唯一的點，它只包含邊 (u,v)。

❼ 選擇三個點——k、u、v——計算 new_len，即從 u 到 k 的路徑長度加上從 k 到 v 的路徑長度總和。

❽ 若 new_len 小於 u 到 v 最短路徑的計算長度，則將 dist_to[u][v] 設為 new_len，記錄最短距離，並記錄：從 u 到 v 最短路徑的最後一個點，是從 k 到 v 最短路徑的最後一個點。

❾ 傳回計算完的 dist_to[][]、node_from[][] 結構，因而能夠為任何兩點計算實際最短路徑。

一旦演算法初始化 node_from[][]、dist_to[][]，隨後的程式內容就相當簡短。最外層的 for 迴圈 k 試圖找兩個點 u、v，使得從 u 到 v 的最短路徑可以藉由先從 u 走到 k，再從 k 到 v 來縮短。當 k 探索更多點，它最終會嘗試所有可能的改進，並計算出最後的正確結果。

當 k 是 a 時，內層 for 迴圈 u、for 迴圈 v 發覺：對於 u = b、v = c，若經過點 a，則從 b 到 c 有較短路徑。觀察 dist_to[b][a]= 2、dist_to[a][c] = 3，其總和 5 小於無窮大（圖 7-23 中目前計算的 dist_to[b][c] 值）。不只是 dist_to[b][c] 設為 5，而且 node_from[b][c] 設為 a，表示新發現的最短路徑變化，b → a → c：注意，從 b 到 c 的最短路徑上倒數第二個點是 a。

該演算法的運作原因，還有一種解釋方法是估算 dist[u][v] 內容值。在 for 迴圈 k 的第一次作業之前，dist[u][v] 記錄圖中從任何 u 到任何其他 v 最短路徑的長度，該路徑不涉及除 u、v 以外的任何點。在迴圈 k 第一次疊代作業結束（針對 k = a）之後，

dist[u][v] 記錄從任何 u 到任何其他 v 最短路徑的長度，該路徑也可能涉及 a。從 b 到 c 的最短路徑是 b → a → c。

當該 for 迴圈的第二次疊代作業，k 為 b 時，Floyd-Warshall 可找到五對不同的 u、v，若路徑經過 b，則從 u 到 v 的路徑會更短。例如，從 d 到 c 的最短路徑是 7，原因是圖中的邊 (d, c)。然而，目前，該演算法找到一條較短的路徑，涉及 b，特別是從 d 到 b（距離為 1），然後從 b 到 c（距離為 5），而有長度為 6 的較短累計路徑。dist[][]、node_from[][] 的最終值如圖 7-24 所示。

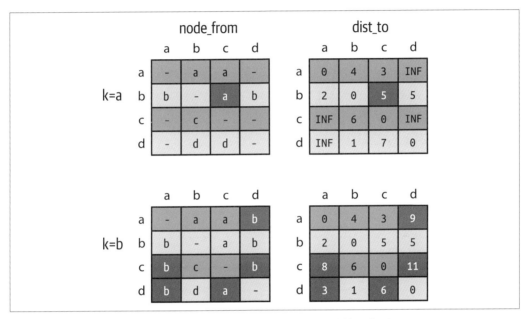

圖 7-24　在迴圈 k 處理 a、b 後對 node_from[][]、dist_to[][] 做的更改

 讀者可能會感到驚訝，Floyd–Warshall 沒有檢查確保 k、u、v 是不同的點。這並不需要，原因是 dist_to[u][u] 初始化為 0。此外，這樣做只會讓程式變複雜，增添不必要的邏輯檢查。

令人驚訝的是，這個演算法沒有使用高等的資料結構，而是有調理的檢查總共 N^3 個 (k, u, v) 點：

- 當 Floyd-Warshall 初始化 node_from[][]、dist_to[][] 時，它會計算任何 u、v 之間所有最短路徑，而且該路徑僅涉及單一邊。

- 在迴圈 k 第一次疊代作業之後，該演算法已計算任何 u、v 間所有最短路徑，這些路徑最多涉及兩個邊，僅限到 u、v 與點 a。

- 在迴圈 k 第二次疊代作業之後，它已計算任何 u、v 間所有最短路徑，這些路徑最多涉及三個邊，僅限到 u、v 與點 a、b。

一旦外層 for 迴圈 k 處理完 N 個點，Floyd-Warshall 即可算出任何 u、v 間的最短路徑，這些路徑涉及多達 N + 1 個邊，並且牽涉圖中任何點。此時，由於 N 個點的路徑只能有 N − 1 個邊，如此表示 Floyd-Warshall 正確算出圖中所有 u、v 之最短路徑的距離。

用於尋得實際最短路徑的程式如示例 7-18 所示。此程式與示例 7-4 幾乎完全相同，只是目前它處理的是 node_from[][] 二維結構。

示例 7-18　用於尋得 Floyd-Warshall 計算的最短路徑程式

```
def all_pairs_path_to(node_from, src, target):      ❶
  if node_from[src][target] is None:
    raise ValueError('Unreachable')                 ❼

  path = []
  v = target                                        ❷
  while v != src:
    path.append(v)                                  ❸
    v = node_from[src][v]                           ❹

  path.append(src)                                  ❺
  path.reverse()                                    ❻
  return path
```

❶ 需要 node_from[][] 結構尋得從 src 到任何 target 的路徑。

❷ 為了尋得完整路徑，從 target 開始。

❸ 只要 v 不是 src，就將 v 附加到 path（此為從 src 到 target 路徑上尋得點形成的反向串列）。

❹ 將 v 設為 node_from[src][v] 記錄的搜尋中前個點。

❺ 一旦遇到 src，while 迴圈終止運作，因此必須附加 src 完成反向 path。

❻ 反轉串列內容，讓所有點依 src 到 target 的正確順序顯示。

❼ 若 node_from[target] 為 None，則無法從 src 到 target。

本章總結

圖可以為各種應用領域建模（從地理資料到生物資訊、社群網路皆可）。圖的邊可以是有向的，也可以是無向的，邊可以儲存數值權重。給定圖，自然會衍生出許多可關注的問題：

- 圖是否連通？採用深度優先搜尋，並檢查是否走訪圖中每個點。

- 有向圖是否有環？使用深度優先搜尋並在搜尋時維護額外狀態，以偵測是否有環。

- 已知圖中兩個點 u、v，就所涉及的邊數而言，從 u 到 v 的最短路徑為何？利用廣度優先搜尋求解。

- 已知加權圖與起點 s，就邊的累計權重而言，圖中從 s 到其他各個點 v 的最短路徑為何？應用 Dijkstra 演算法計算這些距離以及 edge_to[] 結構，可用於尋得從 s 到任何可到達的點 v 實際路徑。

- 若圖包含負的邊權重（但沒有負環），是否仍然可以依據邊的累計權重決定起點 s 和其他各個點 u 間的最短路徑？利用 Bellman–Ford 解決。

- 已知加權圖，就邊的累計權重而言，任意兩點 u、v 之間的最短路徑為何？使用 Floyd-Warshall 計算距離和可用於尋得實際路徑的 node_from[][] 結構。

使用圖時，不要實作自己的資料結構來表示這些圖：最好使用現有的第三方函式庫，例如 NetworkX，這樣讀者就可以立即從它提供的許多演算法中受益。

挑戰題

1. 深度優先搜尋可用遞迴方式實作。然而，在搜尋大型圖時，這樣做有個缺點，原因是 Python 的遞迴深度限制大約為 1,000。不過，對於小迷宮來說，讀者可以修改 search 執行遞迴搜尋。修改示例 7-19 的程式框架，以遞迴方式叫用深度優先搜尋。不要使用堆疊儲存要移除與要處理的標記點，而只對標記點叫用 dfs()，並展開遞迴找尋未選擇的路徑。

示例 7-19　深度優先搜尋的完整遞迴實作

```
def dfs_search_recursive(G, src):
    marked = {}
    node_from = {}

    def dfs(v):
```

```
    """填寫此遞迴函式。"""

    dfs(src)
    return node_from
```

2. path_to() 函式用於計算廣度優先搜尋與深度優先搜尋的路徑,可用遞迴實作。實作 path_to_recursive(node_from, src, target) 以 Python 產生器呈現,按 src 到 target 的順序產生點。

3. 設計 recover_cycle(G) 函式,偵測環何時存在,**並傳回該環**。

4. 設計 recover_negative_cycle(G) 函式,建立自定的 NegativeCycleError 類別以擴充 Bellman-Ford,該類別由 RuntimeError 衍生,儲存圖中發現的負環。從鬆弛的麻煩邊開始,嘗試找到一個包含此邊的環。

5. 建構內有 N = 5 個點的定向加權圖實例,以 Bellman–Ford 需要 4 次疊代作業才能正確計算源自指定起點的最短路徑。為簡單而言,為每個邊指派權重 1。提示:這取決於將邊加到圖中的方式。具體來說,Bellman–Ford 依據 G.edges() 傳回邊的方式循序處理所有邊。

6. 針對隨機建構的 N×N 迷宮,計算深度優先搜尋、廣度優先搜尋和引導搜尋到達指定終點的效率。為此,將每個搜尋演算法改為 (a) 在到達終點時停止運作,並且 (b) 回報在 marked 字典中的總點數。

   就 N 等於 2 的冪(範圍從 4 到 128),產生 512 個隨機圖,並計算每種搜尋技術的平均標記點數。讀者應該能夠證明引導搜尋是最有效率的,而廣度優先搜尋是效率最差的。

   此刻,為引導搜尋建構最差情況問題實例,迫使其運作幾乎與廣度優先搜尋一樣費力。圖 7-25 的 15 × 15 迷宮示例包含「U」形牆壁,阻擋通往出口的路徑。引導搜尋必須探索 $(N-2)^2$ 個格子的整個內部空間,才能「碰到」可通往出口之迂迴路徑的某個邊。Maze 的 initialize() 方法會有助益;讀者必須手動移除南牆、東牆才能建立此形狀。

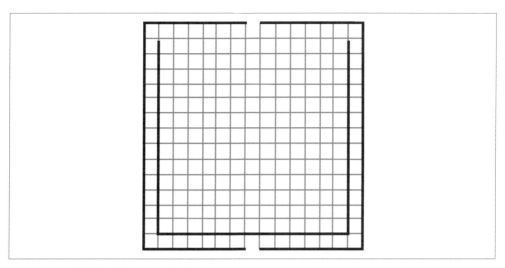

圖 7-25 讓引導搜尋落入最差情況的迷宮

7. 無環的有向圖 DG 被稱為**有向無環圖**（*directed acyclic graph*），或簡稱 DAG。在最差情況下，Dijkstra 演算法被歸為 O((E + N)log N) 等級，但對於 DAG，我們能以 O(E + N) 計算單源最短路徑。首先，應用拓撲排序產生線性順序排列的點。其次，以線性順序處理每個點 *n*，鬆弛從 *n* 出去的邊。無須使用優先佇列。確認隨機網狀（*mesh*）圖的執行期行為，其中每個邊的權重為 1。圖 7-26 的網狀圖中，從點 1 到點 16 的最短距離為 6。

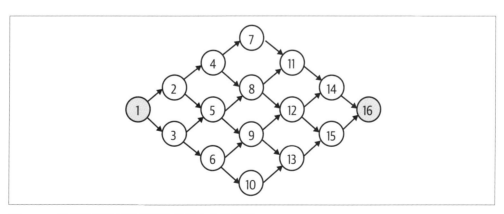

圖 7-26 用於單源最短路徑最佳化的有向無環圖

8. 某些司機想要避開收費公路，例如麻州的 I-90。已知針對麻州高速公路所建的圖，若 u、v 的標籤皆含有「I-90」，則邊 (u, v) 是 I-90 的一部分。在原本的 2,826 個邊中，有 51 個邊是 I-90 的一部分：從圖中移除這些邊，並計算麻州最西邊到波士頓市中心的最短距離，其標籤（如圖 7-14 圓圈處）是字串 `I-90@134&I-93@20&MA3@20(93)&US1@I-93(20)`，表示六條高速公路的交會處。由於沒有條件限制，該行程需要 72 個邊，總距離為 136.2 英里。然而，若你選擇避開 I-90，則行程需要 104 個邊、139.5 英里的總距離。撰寫程式產生這些結果，並將變更的路線以影像檔輸出呈現。

## 第八章

本書總結

本書的目標是向讀者介紹電腦科學所用的基礎演算法、基本資料型別。你需要明白如何有效率的實作下列資料型別，讓程式的效能最大化：

袋（*bag*）

鏈結串列可確保加入一值的效能為 O(1)。若選用陣列，則需要採取幾何的大小調整來擴展陣列尺寸，這樣就可以保證在平均使用情況有均攤的 O(1) 效能（然而在不頻繁的調整大小事件上還是會導致 O(N) 的執行時間效能）。請注意，袋通常不能移除內容值，也不會限制加入重複值。

堆疊（*stack*）

鏈結串列可將值儲存於堆疊中，因此 push()、pop() 具有 O(1) 的執行時間效能。其中會記錄堆疊的 top，作為推入值、彈出值之用。

佇列（*queue*）

鏈結串列可以有效率的儲存佇列，所以 enqueue()、dequeue() 具有 O(1) 的執行時間效能。佇列記錄鏈結串列的 first、last 節點，而有效率的對佇列增加值、移除值。

符號表（*symbol table*）

符號表的開放定址法非常有效率，具有適當的雜湊函式可分配 (鍵 , 值) 組合。你依然需要幾何的大小調整讓儲存尺寸加倍，進而有效率的將這些調整大小事件的發生頻率降低。

優先佇列（*priority queue*）

堆積資料結構可以儲存(值,優先序)組合,以 O(log N) 執行時間效能支援 enqueue()、dequeue()。在大多數情況下,要儲存的內容值最大數量 N 事先可知;然而,若不是這樣的話,則可以使用幾何的大小調整策略,將調整大小事件的數量最小化。

索引最小優先佇列（*indexed min priority queue*）

此資料型別的實作是將堆積資料結構與個別符號表相結合,該符號表儲存堆積中每個值的索引位置。對於圖演算法,通常只儲存 0 到 N – 1 範圍的整數點標籤,其中 N 是要儲存在索引最小優先佇列的內容值最大數量。在這種情況下,可將個別的符號表實作成陣列,以達到相當有效率的查找作業。它以 O(log N) 執行時間效能支援 enqueue()、dequeue()、decrease_priority()。

圖（*graph*）

當圖中所有可能的邊皆存在時,適合以相鄰矩陣結構實作,這是最短距離計算演算法常見的使用案例。若點以 0 到 N – 1 範圍的整數表示,則可用二維陣列儲存相鄰矩陣。然而,在大多數情況下,相鄰串列結構更適合儲存圖,而符號表用於為每個點與一袋相鄰點(或相鄰邊)做關聯。從長遠來看,任何自製的圖實作都是不足的。改用 NetworkX(或其他現有的第三方函式庫)可有效率的表達圖。

本書前言有張圖片,概括上述每種資料型別,前面章節已呈現各種資料結構如何有效率的實作這些資料型別,進而得出表 8-1 的效能等級。

表 8-1　各種資料型別的效能

資料型別	作業	等級	概論
袋	size()	O(1)	由於將值加入鏈結串列的開頭是常數時間的作業,所以使用鏈結串列儲存袋的內容值。
	add()	O(1)	
	iterator()	O(N)	
堆疊	push()	O(1)	針對堆疊使用鏈結串列,將新值推入鏈結串列前頭,並從前面彈出值。若以陣列儲存,則能有常數時間的效能,不過陣列可能會滿載。
	pop()	O(1)	
	is_empty()	O(1)	

資料型別	作業	等級	概論
佇列	enqueue()	O(1)	針對佇列使用鏈結串列，儲存 first、last 點的參考。以 dequeue 提出 first（第一個值），而 enqueue 將新值加入 last 之後。若以陣列儲存，則只有使用第 4 章所述的環狀緩衝區（circular buffer）技術才能有常數時間效能，不過它仍然可能滿載。
	dequeue()	O(1)	
	is_empty()	O(1)	
符號表	put()	O(1)	使用內有 M 個鏈結串列的陣列儲存 N 對（鍵, 值），效能為均攤的常數時間。當加入更多對資料時，要使用幾何的大小調整，讓 M 的大小加倍，進而提高效率。使用開放定址時，單一的連續陣列儲存所有對資料，並使用線性探測解決衝突。疊代器可以傳回所有鍵、值。若你還需要按排序順序檢索鍵，則使用二元搜尋樹，其中每個節點儲存一對（鍵, 值），不過 put()、get() 的效能變為 O(log N)。
	get()	O(1)	
	iterator()	O(N)	
	is_empty()	O(1)	
優先佇列	add()	O(log N)	堆積資料結構可以儲存（值, 優先序）資料組，若儲存滿載，則使用幾何的大小調整。第 4 章的 swim()、sink() 技術確保效能是 O(log N)。
	remove_max()	O(log N)	
	is_empty()	O(1)	
索引最小優先佇列	add()	O(log N)	從堆積資料結構開始，儲存外加的符號表，以 O(1) 的時間尋找堆積中任何值的位置。使用符號表，這些作業的效能是 O(log N)。
	remove_min()	O(log N)	
	decrease_priority()	O(log N)	
	is_empty()	O(1)	

Python 內建資料結構

Python 語言經過數十年的淬鍊之後，具有高度協調與最佳化。令人欽佩的是，Python 直譯器的設計人不斷尋求新方法，於每個更新版中呈現效能的改進（哪怕是些微程度的提升）。Python 官方說明文件的〈設計與歷史常見問題〉（*Design and History FAQ*）值得一讀。

Python 的四種內建容器型別是 tuple、list、dict、set：

tuple 資料型別

tuple 是內容不可變的值序列，處理方式如同 list，只是不能更改其內任何值。函式可使用元組（tuple）傳回多個值。

list 資料型別

內建的 list 資料型別是 Python 主要的資料結構。它的用途相當廣泛，特別是 Python 的 slice（切片）語法，讓程式設計師毫不費力地使用可疊代作業的物件（iterable），並可選擇處理 list 部分範圍的內容。list 是個通用結構，實作成可變長度的陣列，作為內有其他值之參考的連續陣列。

dict 資料型別

內建的 dict 資料型別表示鍵值關聯的符號表。第 3 章的所有概念仍然適用。Python 使用開放定址解決鍵之間的衝突，並且採用儲存陣列，其中 M 是 2 的冪，這與大多數雜湊表的建構方式不同。每個 dict 內部儲存空間至少為 M = 8。如此一來，儲存五個項目而不會發生調整大小情況（較小的 M 值將很快就需要調整大小）。它還經過最佳化，可以處理儲存陣列大部分內容為空的稀疏雜湊表。dict 會基於負載因子的 ⅔ 而自動調整大小。

因為 Python 是開源的，讀者隨時可以檢視內部實作[1]。面對雜湊值 hc 的衝突將隨後選擇下個索引 $((5 \times hc) + 1) \% 2^k$（其中 2^k 是 M）或儲存陣列的大小，而不是像第 3 章所述的那樣使用線性探測。該實作使用 perturb 值（加入 hc 中）而加入另一層鍵的分布。此乃為個案研究，說明雜湊值運算微不足道的數學改進如何提高實作效率。因為 Python 使用不同的探測技術，所以它的雜湊表大小可以是 2 的冪，如此可以在計算雜湊值時不用模數運算。這可以大幅加快處理速度，原因是 Python 直譯器使用位元遮罩（*bit masking*）技術做運算（處理 2 的冪模數運算）。

具體而言，使用 *and*（&）位元運算子，則 $N \% 2^k k$ 等於 $N \& (2^k - 1)$。表 8-2 顯示 10,000,000 次運算的總時間差異。這種改進程度在 Python 直譯器中（通常以 C 語言撰寫的程式）更為顯著，其中 *and* 位元運算比模運算快五倍以上。

表 8-2　以 *and* 位元運算可較快算出 2 的冪模數（其中 M 是 2^k，M_less 為 M - 1）

語言	運算	效能
Python	1989879384 % M	0.6789181 秒
Python	1989879384 & M_less	0.3776672 秒
C	1989879384 % M	0.1523320 秒
C	1989879384 & M_less	0.0279260 秒

1　例如，我們可以在 *https://oreil.ly/jpI8F* 找到 dict 的實作內容。

set 資料型別

set 集合包含不同的雜湊表物件 [2]。以符號表作為集合是很常見的，只需將每個鍵對應到某個值，例如 1 或 True。Python 內部實作主要基於 dict 做法，不過值得一提的是，set 的使用案例與 dict 完全不同。具體來說，set 往往用於成員歸屬測試，檢查集合是否包含某個值——而且該程式經過最佳化，可處理 hit（即該值包含在集合中）和 miss（即該值不包含在集合中）兩者。相較之下，對於 dict 的運用，較常見的是確認鍵是否位於 dict 中。

以 Python 實作堆疊

Python list 可以表示堆疊，提供 append() 函式將新值推入串列的尾端（回顧表 6-1，有效率的將值加到串列結尾）。list 型別實際上有個 pop() 方法，可移除與傳回 list 中最後一個值。

Python 有個 aueue 模組，其中實作同時 多生、多用（*multi-producer, multi-consumer*）堆疊，這些堆疊支援「後進先出」（LIFO）行為（一般的堆疊行為）與「先進先出」（FIFO）行為（如同佇列的行為）。queue.LifoQueue(maxSize = 0) 建構函式將傳回一個可以儲存最大內容個數的堆疊。此堆疊可同時並行（concurrently）運用，即表示設法將值推入滿載的堆疊將阻斷（*blocking* 或稱作阻塞）執行，直到彈出值。使用 put(value) 推入值，使用 get() 彈出值。

執行下列一串命令將使得 Python 直譯器卡住，我們必須強制終止直譯器的執行：

```
import queue
q = queue.LifoQueue(3)
q.put(9)
q.put(7)
q.put(4)
q.put(3)
... 阻斷（阻塞）執行直到終止
```

結果，最快的實作是 collections 模組的 deque（讀作 DECK），是「雙向佇列」（double-ended queue）的簡稱。此資料型別可將值從佇列兩端的任一端中加入（或移除）。雖然 LifoQueue 與 deque 兩者皆為 O(1) 的執行時間效能，不過前者的效能比後者慢約 30 倍。

2　原始碼在 *https://oreil.ly/FWttm*。

以 Python 實作佇列

Python list 還可以表示佇列，提供 append() 函式將新值排入串列尾端。你需要移除 list 第一個元素，而使用 pop(0) 移除 list 索引位置 0 處的元素，以這種方式運用 list 將導致效率相當低，如表 6-1 所示：你必須不惜一切代價避免這樣做。

queue.Queue(maxSize = 0) 函式建構一個佇列，將 maxSize 個值排入其中，但這不該是預設的佇列實作。此佇列提供同時多生、多用行為，如此表示嘗試將值排入滿載的佇列將阻斷執行，直到某值被移出。使用 put(value) 排入值，使用 get() 排出值。執行下列一串命令將使得 Python 直譯器卡住，我們必須強制終止直譯器的執行：

```
>>> import queue
>>> q = queue.Queue(2)
>>> q.put(2)
>>> q.put(5)
>>> q.put(8)
... 阻斷（阻塞）執行直到終止
```

若你需要簡單的佇列實作，可以使用 queue.SimpleQueue() 函式 [3]，其有簡化介面的佇列內容。使用 put(value) 將 value 排入佇列尾端，使用 get() 檢索佇列開頭的值。此佇列比多數程式設計師所需的佇列要強大許多，它不僅有執行緒安全的並行處理程式，還有更複雜情況的處理能力，譬如可重入並行（reentrant concurrent）程式，而這個附加功能會有效能損耗。若你需要並行存取佇列，應該只用 queue.SimpleQueue() 即可。

deque 也是在此最快的實作。它是純粹為追求速度而做的程式，若你有速度要求的情況下可選用此佇列實作。表 8-3 顯示 deque 為最佳的實作；其中還呈現 list 對於移出一值有 O(N) 的執行時間效能。再度要表達的是，你不該以一般的 list 作為佇列，原因是其他實作方式的佇列皆有 O(1) 的執行時間效能。

表 8-3　移出一值時的佇列執行時間效能比較

N	list	deque	SimpleQueue	Queue
1,024	0.012	0.004	0.114	0.005
2,048	0.021	0.004	0.115	0.005
4,096	0.043	0.004	0.115	0.005
8,192	0.095	0.004	0.115	0.005
16,384	0.187	0.004	0.115	0.005

3　Python 3.7 新增此功能。

Python 的基本資料型別相當有彈性，運用的方式多元，不過你需要確定選擇適當的資料結構撰寫最有效率的程式。

堆積與優先佇列的實作

Python 的 heapq 模組含有如第 4 章所述的最小二元堆積。該模組不採用第 4 章以 1 開始的索引策略，而是使用從 0 開始的索引。

heapq.heapify(h) 函式針對串列 h 建構一個堆積，該串列包含要放入堆積的初始值。另外，只需將 h 設為空串列 []，並叫用 heapq.heappush(h, value) 將 value 加入堆積中。若要移除堆積中最小值，可使用 heapq.heappop(h) 函式。此堆積實作有兩個特定函式：

heapq.heappushpop(h, value)

　　將 value 加入堆積中，然後從堆積移除與傳回最小值

heapq.heapreplace(h, value)

　　從堆積移除與傳回最小值，另外將 value 加入堆積中

這些函式都直接套用參數 h，方便與現有程式整合。h 的內容為陣列式儲存堆積（如第 4 章所述）。

queue.PriorityQueue(maxSize=0) 方法（*https://oreil.ly/sUiZd*）建構並傳回最小優先佇列，該佇列的項目以 put(item) 函式呼叫加入的，其中 item 是元組（優先序,值）。使用 get() 函式檢索優先序最低的值。

Python 並無內建的索引最小優先佇列，這並不奇怪，原因是通常只有特定的圖演算法才需要這種資料型別，例如 Dijkstra 演算法（第 7 章所述）。筆者開發的 IndexedMinPQ 類別顯示如何將各種資料結構組合在一起，衍生出有效率的 decrease_priority() 函式。

後續的探索

本書僅論述極其豐富的演算法領域中的皮毛。讀者能夠探索的途徑相當多元，其中包括各種應用領域與演算法方法：

計算幾何（*computational geometry*）

許多的現實世界問題都牽涉二維點（甚至更高維度）資料集。在此應用領域中，有許多演算法是源自本書所述的標準技術（如：分治法）而建的，當然還有引入自己的資料結構，讓解決問題更有效能。最熱門的資料結構包括 k-d 樹、四元樹（用於分割二維空間）、八元樹（用於分割三維空間）、R 樹（用於索引多維資料集）。如此所述，二元樹的基本概念已在各種應用領域中反覆被探索。

動態規劃（*dynamic programming*）

Floyd-Warshall 是用於解單源最短路徑問題的動態規劃範例。利用動態規劃的演算法還有很多。你可以從筆者於 O'Reilly 出版的《Algorithms in a Nutshell》（*https://oreil.ly/1lXRF*）中得到此技術更多相關資訊。

平行與分散式演算法（*parallel and distributed algorithm*）

本書介紹的演算法基本上為單執行緒的示例，以單台電腦執行示例程式即可產生結果。一個問題往往可能被分成多個部分，這些部分可獨立的平行運作。而控制結構會較為複雜，但藉由平行作業可以達到驚人的執行速度。

近似演算法（*approximation algorithm*）

在許多的現實世界情境中，你可能會對某個演算法感到滿意，該演算法針對實際挑戰性的問題，可以有效率的算出近似答案。這些演算法的運算成本明顯低於產生確切答案的演算法。

機率演算法（*probabilistic algorithm*）

在已知完全相同的輸入時，機率演算法不會產生完全相同的結果，而是在其解決邏輯中引入隨機性，針對相同的輸入產生不同的結果。讓這些不複雜的演算法執行極其多次，整體執行的平均可以收斂至實際效果，否則運算成本將高得嚇人。

沒有一本書可以囊括整個演算法領域。1962 年，電腦科學的傑出人物高德納（Donald Knuth）開始撰寫一本內有 12 章的書《The Art of Computer Programming》（Addison-Wesley 出版）。59 年後的今天，該著作專案已經出版三冊（分別於 1968、1969、1973 年出版）以及第四冊的第一篇（2011 年出版）。計劃再出版三冊，目前該著作專案仍未完成！

你可以找到不計其數的方式持續研究演算法，筆者期望讀者能受到啟發，利用這些知識提高軟體應用程式的效能。

索引

※ 提醒您：由於翻譯書籍排版的關係，部分索引內容的對應頁碼會與實際頁碼有一頁之差。

關於作者

George Heineman 是電腦科學教授,在軟體工程和演算法方面具有 20 年以上的經驗。他是《Algorithms in a Nutshell》(第 2 版)作者以及 O'Reilly 多門直播訓練課程(包括 Exploring Algorithms in Python、Working with Algorithms in Python)講師。George 的畢生興趣是邏輯和數學謎題。他是 Sujiken 謎題(數獨的變化版)與 Trexagon 謎題發明者。

出版記事

本書封面的動物是 Chesapeake 藍蟹(學名是 *Callinectes sapidus*)。屬名 *Callinectes* 源自希臘語的「美麗泳者」,種名 *sapidus* 在拉丁語中有「美味」的意思。藍蟹的顏色是由殼色素所致,其中的 α- 甲殼藍蛋白與蝦紅素(紅色素)相互作用,形成藍綠色。當螃蟹煮熟時,α- 甲殼藍蛋白分解,螃蟹的殼變成鮮豔的橙紅色。

藍蟹原產於大西洋西邊與墨西哥灣。早在 1901 年,就透過水壓載將牠們引入日本和歐洲水域。最近人們認為,由於氣候暖化導致海水溫度上升,使得牠們的棲息地逐漸擴大。

藍蟹的卵在沿海水域孵化,而潮汐會將牠們帶入較深的水域。幼體(幼生)長成幼蟹(呈蟹形模樣)之前需歷經八個浮游階段。藉由脫殼成長,過程會脫掉外殼以顯露更大的新殼。據說藍蟹一生中固定會脫殼 25 次左右。可以長到大約 9 英寸的寬度。公蟹腹部修長,母蟹腹部寬圓,兩者的蟹體顏色上也有細微差異。

歐萊禮書籍封面的許多動物皆瀕臨絕種;這些動物對於世界而言都很重要。

封面插圖由 Karen Montgomery 基於《Animal Life in the Sea and on the Land》的黑白版畫描繪而成。

演算法學習手冊｜寫出更有效率的程式

作　　者：George T. Heineman
譯　　者：陳仁和
企劃編輯：蔡彤孟
文字編輯：江雅鈴
設計裝幀：陶相騰
發 行 人：廖文良

發 行 所：碁峰資訊股份有限公司
地　　址：台北市南港區三重路 66 號 7 樓之 6
電　　話：(02)2788-2408
傳　　真：(02)8192-4433
網　　站：www.gotop.com.tw
書　　號：A680
版　　次：2022 年 06 月初版
建議售價：NT$580

國家圖書館出版品預行編目資料

演算法學習手冊：寫出更有效率的程式 / George T. Heineman 原
　著；陳仁和譯. -- 初版. -- 臺北市：碁峰資訊, 2022.06
　　面 ； 公分
　譯自：Learning Algorithms: a programmer's guide to writing
better code.
　ISBN 978-626-324-174-9(平裝)
　1.CST：演算法
318.1　　　　　　　　　　　　　　　　　111006141

讀者服務

● 感謝您購買碁峰圖書，如果您
對本書的內容或表達上有不清
楚的地方或其他建議，請至碁
峰網站：「聯絡我們」\「圖書問
題」留下您所購買之書籍及問
題。(請註明購買書籍之書號及
書名，以及問題頁數，以便能
儘快為您處理)
http://www.gotop.com.tw

● 售後服務僅限書籍本身內容，
若是軟、硬體問題，請您直接
與軟體廠商聯絡。

● 若於購買書籍後發現有破損、
缺頁、裝訂錯誤之問題，請直
接將書寄回更換，並註明您的
姓名、連絡電話及地址，將有
專人與您連絡補寄商品。